村庄整治技术手册

村庄整治工作管理

住房和城乡建设部村镇建设司　组织编写

徐学东　主编

中国建筑工业出版社

图书在版编目(CIP)数据

村庄整治工作管理/徐学东主编. —北京：中国建筑工业出版社，2009
(村庄整治技术手册)
ISBN 978-7-112-11659-1

Ⅰ. 村… Ⅱ. 徐… Ⅲ. 乡村规划—中国—手册
Ⅳ. TU982.29-62

中国版本图书馆 CIP 数据核字(2009)第 219476 号

村庄整治技术手册
村庄整治工作管理
住房和城乡建设部村镇建设司　组织编写
徐学东　主编

*

中国建筑工业出版社出版、发行(北京西郊百万庄)
各地新华书店、建筑书店经销
北京天成排版公司制版
北京同文印刷有限责任公司印刷

*

开本：880×1230 毫米　1/32　印张：5½　字数：168 千字
2010 年 3 月第一版　2010 年 3 月第一次印刷
定价：16.00 元
ISBN 978-7-112-11659-1
(18912)

版权所有　翻印必究
如有印装质量问题，可寄本社退换
(邮政编码　100037)

本书在系统的分析我国村庄整治工作管理的基本规律，总结国内各地成功经验的基础上提出了适合我国管理实践的、系统的村庄整治管理方法。主要内容包括：村庄整治管理基本概念、村庄整治规划设计与用地管理、村庄整治项目资金估算、资金来源与立项申报、村庄整治项目实施、监督检查与项目后评价、村庄基础设施使用与维护管理、村庄整治协调机制与民主管理、村民意愿调查以及村庄整治工作的经验与思考。

＊　＊　＊

责任编辑：刘　江
责任设计：赵明霞
责任校对：陈晶晶　关　健

《村庄整治技术手册》
组委会名单

主　任：仇保兴　住房和城乡建设部副部长
委　员：李兵弟　住房和城乡建设部村镇建设司司长
　　　　赵　晖　住房和城乡建设部村镇建设司副司长
　　　　陈宜明　住房和城乡建设部建筑节能与科技司司长
　　　　王志宏　住房和城乡建设部标准定额司司长
　　　　王素卿　住房和城乡建设部建筑市场监管司司长
　　　　张敬合　山东农业大学副校长、研究员
　　　　曾少华　住房和城乡建设部标准定额所所长
　　　　杨　榕　住房和城乡建设部科技发展促进中心主任
　　　　梁小青　住房和城乡建设部住宅产业化促进中心副主任

《村庄整治技术手册》编委会名单

主　编：李兵弟　住房和城乡建设部村镇建设司司长、教授级高级城市规划师

副主编：赵　晖　住房和城乡建设部村镇建设司副司长、博士
　　　　　徐学东　山东农业大学村镇建设工程技术研究中心主任、教授

委　员：（按姓氏笔画排）
　　　　　卫　琳　住房和城乡建设部村镇建设司村镇规划（综合）处副处长
　　　　　马东辉　北京工业大学北京城市与工程安全减灾中心研究员
　　　　　牛大刚　住房和城乡建设部村镇建设司农房建设管理处
　　　　　方　明　中国建筑设计研究院城镇规划设计研究院院长
　　　　　王旭东　住房和城乡建设部村镇建设司小城镇与村庄建设指导处副处长
　　　　　王俊起　中国疾病预防控制中心教授
　　　　　叶齐茂　中国农业大学教授
　　　　　白正盛　住房和城乡建设部村镇建设司农房建设管理处处长
　　　　　朴永吉　山东农业大学教授
　　　　　米庆华　山东农业大学科学技术处处长
　　　　　刘俊新　住房和城乡建设部农村污水处理北方中心研究员
　　　　　张可文　《施工技术》杂志社社长兼主编
　　　　　肖建庄　同济大学教授
　　　　　赵志军　北京市市政工程设计研究总院高级工程师

郝芳洲	中国农村能源行业协会研究员
徐海云	中国城市建设研究院总工程师、研究员
顾宇新	住房和城乡建设部村镇建设司村镇规划(综合)处处长
倪 琪	浙江大学风景园林规划设计研究中心副主任
凌 霄	广东省城乡规划设计研究院高级工程师
戴震青	亚太建设科技信息研究院总工程师

本书编写人员名单

主　　　编：徐学东
参加编写人员：谢宝河　徐启峰　杨新培　陈德义　牛大刚
　　　　　　　　李一凡　陈　莹　孟庆翠　黄　钢　肖　烽
　　　　　　　　曹培忠　梁　荣　赵玉娟

本分册同时为"十一五"国家科技支撑计划"村庄整治关键技术研究"课题研究成果（项目编号 2006BAJ05A07）。

序

当前，我国经济社会发展已进入城镇化发展和社会主义新农村建设双轮驱动的新阶段，中国特色城镇化的有序推进离不开城市和农村经济社会的健康协调发展。大力推进社会主义新农村建设，实现农村经济、社会、环境的协调发展，不仅经济要发展，而且要求大力推进生态环境改善、基础设施建设、公共设施配置等社会事业的发展。村庄整治是建设社会主义新农村的核心内容之一，是立足现实、缩小城乡差距、促进农村全面发展的必由之路，是惠及农村千家万户的德政工程。它不仅改善了农村人居生态环境，而且改变了农民的生产生活，为农村经济社会的全面发展提供了基础条件。

在地方推进村庄整治的实践中，也出现了一些问题，比如乡村规划编制和实施较为滞后，用地布局不尽合理；农村规划建设管理较为薄弱，技术人员的专业知识不足、管理水平较低；不少集镇、村庄内交通路、联系道建设不规范，给水排水和生活垃圾处理还没有得到很好解决；农村环境趋于恶化的态势日趋明显，村庄工业污染与生活污染交织，村庄住区和周边农业面临污染逐年加重；部分农民自建住房盲目追求高大、美观、气派，往往忽略房屋本身的功能设计和保温、隔热、节能性能，存在大而不当、使用不便，适应性差等问题。

本着将村庄整治工作做得更加深入、细致和扎实，本着让农民得到实惠的想法，村镇建设司组织编写了这套《村庄整治技术手册》，从解决群众最迫切、最直接、最关心的实际问题入手，目的是为广大农民和基层工作者提供一套全面、可用的村庄整治实用技术，推广各地先进经验，推行生态、环保、安全、节约理念。我认为这是一项非常及时和有意义的事情。但尤其需要指出的是，村庄整治工作的开展，更离不开农民群众、地方各级政府和建设主管部门以及社会各界的共同努力。村庄整治的目的是为农民办实事、办好事，我希望这套丛书能解决农村一线的工作人员、技术人员、农民参与村庄整治的技术需求，能对农民朋友们和广大的基层工作者建设美好家园和改变家乡面貌有所裨益。

仇保兴

2009 年 12 月

前 言

《村庄整治技术手册》是讲解《村庄整治技术规范》主要内容的配套丛书。按照村庄整治的要求和内涵，突出"治旧为主，建新为辅"的主题，以现有设施的改造与生态化提升技术为主，吸收各地成功经验和做法，反映村庄整治中适用实用技术工法(做法)。重点介绍各种成熟、实用、可推广的技术(在全国或区域内)，是一套具有小、快、灵特点的实用技术性丛书。

《村庄整治技术手册》由住房和城乡建设部村镇建设司和山东农业大学共同组织编写。丛书共分13分册。其中，《村庄整治规划编制》由山东农大组织编写，《安全与防灾减灾》由北京工业大学组织编写，《给水设施与水质处理》由北京市市政工程设计研究总院组织编写，《排水设施与污水处理》由住房城乡建设部农村污水处理北方中心组织编写，《村镇生活垃圾处理》由中国城市建设研究院组织编写，《农村户厕改造》由中国疾病预防控制中心组织编写，《村内道路》由中国农业大学组织编写，《坑塘河道改造》由广东省城乡规划设计研究院组织编写，《农村住宅改造》由同济大学组织编写，《家庭节能与新型能源应用》由亚太建设科技信息研究院组织编写，《公共环境整治》由中国建筑设计研究院城镇规划设计研究院组织编写，《村庄绿化》由浙江大学组织编写，《村庄整治工作管理》由山东农业大学组织编写。在整个丛书的编写过程中，山东农业大学在组织、协调和撰写等方面付出了大量的辛勤劳动。

本手册面向基层从事村庄整治工作的各类人员，读者对象主要包括村镇干部，村庄整治规划、设计、施工、维护人员以及参与村庄整治的普通农民。

村庄整治技术涉及面广，手册的内容及编排格式不一定能满足所有读者的要求，对书中出现的问题，恳请广大读者批评指正。另外,村庄整治技术发展迅速,一套手册难以包罗万象,读者朋友对在村庄整治工作中遇到的问题,可及时与山东农业大学村镇建设工程技术研究中心(电话 0538-8249908, E-mail: zgczjs@126.com)联系,编委会将尽力组织相关专家予以解决。

编委会

2009 年 12 月

本书前言

村庄整治工作涉及面广，工作量大，需要动用大量的资源和不同部门、不同层次的人员参与，是一个庞大的系统工程。搞好村庄整治工作的管理，是有效推动村庄整治工作的重要保障，对实现村庄整治目标，改善农村人居环境意义重大。

村庄整治工作有其特殊的规律性。应结合当前实际，针对村庄整治管理工作的具体需求，认真总结先进经验和分析存在的问题，提出一套适合我国村庄整治工作管理实践的、系统的管理思路与方法。

村庄整治工作不仅参与部门多，而且部门间协调难度大，管理跨度大，涉及从融资到实施，到建成后维护管理的全过程，管理不善，就会造成巨大的损失。因此，应把现代管理的思想与方法运用到村庄整治工作管理的整个过程中。在村庄整治项目的实施中，多数工作都具有较强的专业性，而作为村庄整治的主力军——农村基层的管理、技术与劳务人员，经验和知识却相对不足，如何保证村庄整治项目质量与效果，是村庄整治管理工作要解决的又一问题。

本书由徐学东主编，参加编写人员有谢宝河、肖烽（主要编写第八章，参编第六章）、徐启峰、杨新培（参编第六章）、陈德义（参编第五章）、李一凡、黄钢、梁荣（参编第三章）、霍拥军、刘海燕、赵玉娟（参编第二章）、牛大刚（参编第一章、第二章）、曹培忠（参编第七章）、陈莹、孟庆翠（参编第九章）等。

本书在编写过程中，参考了国内很多地方成功的做法和经验，翻阅了大量论文、专著、网页等文献资料，在此谨对工作在一线的广大村庄整治管理工作者和有关作者表示衷心的感谢。

由于作者水平所限，对目前村庄整治工作的经验总结不够，书中难免存在错误和不妥之处，恳请广大读者批评指正。

目 录

1 概述 ··· 1
　1.1 村庄整治 ··· 1
　　1.1.1 村庄整治的概念 ··· 1
　　1.1.2 村庄整治项目类别与组成 ································ 2
　　1.1.3 村庄整治项目的内容 ······································ 3
　　1.1.4 村庄整治技术规范 ··· 5
　1.2 村庄整治项目管理 ·· 5
　　1.2.1 村庄整治项目 ·· 5
　　1.2.2 村庄整治项目管理 ··· 7
　1.3 村庄整治的指导思想与工作要求 ························· 7
　　1.3.1 村庄整治的指导思想 ······································ 7
　　1.3.2 村庄整治的基本原则 ······································ 8
　　1.3.3 村庄整治的工作要求 ······································ 9
　　1.3.4 村庄整治的工作方法与对策 ·························· 10

2 村庄整治规划设计与用地管理 ································· 13
　2.1 村庄整治规划 ·· 13
　2.2 村庄整治用地管理 ·· 13
　　2.2.1 村庄整治要严格执行土地管理制度 ············· 13
　　2.2.2 关于村庄建设用地的法律规定 ····················· 14
　　2.2.3 严格土地执法监管 ·· 15
　2.3 "空心村"废弃地与空置宅基地的利用 ··············· 15
　　2.3.1 我国的"空心村"问题 ································· 15
　　2.3.2 "空心村"空置地开发利用 ·························· 17
　　2.3.3 "空心村"空置地流转 ································· 22
　2.4 城乡建设用地增减挂钩试点工作 ······················· 23

  2.4.1 "增减挂钩项目"的概念 ………… 23
  2.4.2 挂钩试点的主要内容和实施流程 ………… 24
  2.4.3 挂钩试点的组织管理方式 ………… 26
  2.4.4 挂钩周转指标 ………… 27
  2.4.5 编制挂钩规划 ………… 27

3 村庄整治项目资金估算 ………… 30
 3.1 村庄整治项目费用组成 ………… 30
 3.2 资金估算表 ………… 31
  3.2.1 村庄整治项目工程量表 ………… 31
  3.2.2 项目的资金估算表 ………… 33
 3.3 单价估算方法 ………… 34
 3.4 人工、材料、机械台班（时）预算价格计算 ………… 42
 3.5 村庄整治其他费用的估算 ………… 47
  3.5.1 规划设计费用的估算方法 ………… 47
  3.5.2 旧有设施拆迁补偿费估算方法 ………… 47
  3.5.3 融资与管理费估算方法 ………… 49

4 资金来源与立项申报 ………… 50
 4.1 村庄整治的资金来源 ………… 50
  4.1.1 多渠道征集村庄整治资金 ………… 50
  4.1.2 国家扶持资金 ………… 51
  4.1.3 地方政府扶持资金 ………… 54
  4.1.4 民间自有资金 ………… 56
  4.1.5 银行政策性贷款 ………… 56
  4.1.6 利用国外资金 ………… 57
  4.1.7 社会捐助资金 ………… 57
 4.2 项目配置与融资方式 ………… 57
  4.2.1 村庄整治项目配置 ………… 57
  4.2.2 融资方式 ………… 61
 4.3 政府扶持资金申报 ………… 64
  4.3.1 国家专项基金申报的一般程序与文件组成 ………… 64
  4.3.2 几个国家专项基金的申报方法 ………… 67

        4.3.3 地方政府专项资金的申请 ………………………… 70
  4.4 增减挂钩项目申报 ……………………………………… 72
        4.4.1 增减挂钩项目 …………………………………… 72
        4.4.2 申报准备 ………………………………………… 72
        4.4.3 增减挂钩项目的申报方法 ……………………… 73

5 村庄整治项目实施 …………………………………………… 75
  5.1 村庄整治项目建设模式 ………………………………… 75
  5.2 村庄整治项目招标 ……………………………………… 78
        5.2.1 招标方式 …………………………………………… 78
        5.2.2 招标的程序 ………………………………………… 79
        5.2.3 招标文件组成 ……………………………………… 83
  5.3 村庄整治项目施工准备 ………………………………… 84
        5.3.1 施工准备的内容 …………………………………… 84
        5.3.2 建设用地准备 ……………………………………… 84
        5.3.3 施工条件准备 ……………………………………… 84
        5.3.4 材料采购与设备租赁 ……………………………… 85
  5.4 村庄整治项目施工管理 ………………………………… 86
        5.4.1 工期管理 …………………………………………… 86
        5.4.2 质量与安全管理 …………………………………… 88
        5.4.3 费用控制 …………………………………………… 91
        5.4.4 合同管理 …………………………………………… 93
  5.5 村庄整治项目财务管理 ………………………………… 96

6 村庄整治工作监督检查与项目后评价 …………………… 98
  6.1 村庄整治项目监督检查 ………………………………… 98
        6.1.1 政府的监督与检查 ………………………………… 98
        6.1.2 村委会的监督与检查 ……………………………… 98
        6.1.3 村民理事会的监督与检查 ………………………… 98
        6.1.4 村民的监督与检查 ………………………………… 99
  6.2 村庄整治项目后评价 …………………………………… 99
  6.3 村庄整治工作档案 ……………………………………… 101

7 村庄基础设施使用与维护管理 …………………………… 104

7.1 村庄基础设施的使用年限 ·· 104
7.2 村庄基础设施使用管理与维护 ································ 105
7.3 村庄基础设施维护费用 ·· 108

8 村庄整治协调机制与民主管理 ·· 109
8.1 村民的主体地位与权益 ·· 109
8.1.1 村民在村庄整治中的主体地位 ························ 109
8.1.2 村民在村庄整治中的权益 ······························ 110
8.1.3 村民自治的内容与意义 ································ 110
8.2 政府责任与协调机制 ·· 112
8.2.1 村庄整治中政府的责任 ································ 112
8.2.2 村庄整治工作机制的建立 ······························ 114
8.2.3 部门的协调与配合 ·· 115
8.3 村庄整治民主管理 ·· 116
8.3.1 民主管理与村民理事会 ································ 116
8.3.2 村民理事会 ·· 116
8.3.3 村民理事会章程 ·· 117
8.3.4 村民理事会的工作机制 ································ 120

9 村庄整治村民意愿调查 ·· 122
9.1 民意调查 ·· 122
9.2 村庄整治民意调查方法 ·· 123
9.3 村庄整治民意调查数据整理分析 ·························· 134
9.4 村庄整治民意调查报告 ·· 144

10 经验与思考 ·· 147
10.1 浙江省湖州市以人为本、因地制宜推进村庄整治纪实 ···· 147
10.2 江西赣州农村村庄整治经验解析 ························ 150

附录 技术列表 ·· 155

参考文献 ·· 156

1 概　　述

1.1 村庄整治

1.1.1 村庄整治的概念

村庄整治是对农村居民生活和生产聚居点的整顿和治理。是对已经建成的村庄在房屋、基础设施和环境等方面进行的综合修整和治理。村庄整治目的是改善农民生产生活条件和农村人居环境质量稳步推进社会主义新农村建设，促进农村经济、社会、环境协调发展。

村庄整治范围宜包括村庄内部及其周边区域，见图1-1。

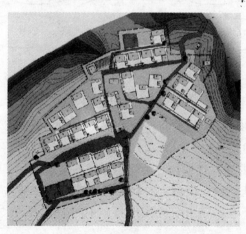

图1-1 村庄整治的范围

村庄整治不等同于新村建设。村庄建设是指在农村土地上进行的修建房屋以及其他基础、公共设施的行为，村庄建设强调一个从无到有的过程，是一个具体行为在村庄的体现。村庄整治强调在现有基础上的整治和改建,而不是推倒重建,村庄整治的过程也是村庄更新的过程。

根据村庄整治工作安排,现阶段村庄整治宜以较大规模村庄为主,对从长远发展来看需要迁并的较小规模村庄及各级城乡规划不予保留的村庄不宜进行重点整治,避免浪费投资。

村庄长远发展应遵循各地编制的各级城乡规划内容要求,村庄整治工作应重点解决当前农村地区的基本生产生活条件较差、人居环境亟待改善等问题,兼顾长远。

1.1.2 村庄整治项目类别与组成

村庄整治项目按专业或管理者可划分为基础设施、公共服务设施、环境卫生、防灾减灾、农村住宅、绿化与生态建设、历史文化遗产与乡土特色保护等类别,见图1-2。

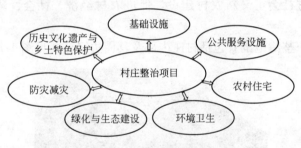

图1-2 村庄整治项目的类别

根据基础设施和服务的受益范围、可经营性等经济属性可将村庄整治项目概括为以下四类。

1. 具有非经营性的纯公共物品和服务的项目

如农村基础教育设施,农村公共道路,传统建筑文化保护等,其产权不易私有,应由中央或地方政府投资建设和支付维护运营成本。

2. 具有可经营性的准公共物品和服务的项目

如农村安全饮水,电力电信等,此类设施和服务具有自然垄断性质,可收费,具有较好的可经营性。因其供应存在一定的营利空间,使得这类设施和服务具备了亲市场的能力。

3. 属于俱乐部物品和服务的项目

如村庄街道硬化、环境治理、垃圾处理、给水排水设施等，它介于私人物品和纯公共物品之间，具有共同消费性，非竞争性和非排他性，受益范围具有明显的区域性和有限性。

4. 对于纯私人物品领域的村庄整治项目

如村民房屋建设，厕所改造等，因其使用和消费具有排他性，由村民自己筹资。政府可提供建设规范或技术咨询，也可采用一定的财政补贴等激励方法。

根据需要，每一类村庄整治项目又由不同的内容组成。村庄整治项目的组成见图 1-3。

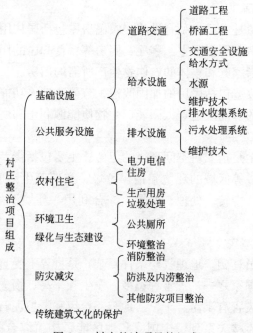

图 1-3　村庄整治项目的组成

1.1.3　村庄整治项目的内容

1. 基础设施

村庄基础设施是指维持村庄区域运转的功能系统和对国计民

生、村庄防灾有重大影响的供电、供水、供气、交通及对抗灾救灾起重要作用的通信、医疗、消防、物资供应与保障等基础性工程设施系统。

2. 公共服务设施

公共服务设施是由公共、服务和设施三个词语或者是公共服务与设施两个词语构成的合成词，是这些词语含义的整合。

公共服务设施，包括加强城乡公共设施建设，发展教育、科技、文化、卫生、体育等公共事业，为社会公众参与社会经济、政治、文化活动等提供保障。公共服务以合作为基础，强调政府的服务性，强调公民的权利。

3. 农民房屋

农民房屋是农民的私有设施。农民房屋包括居住用房和生产用房。居住用房主要指卧室、客厅、厨房等饮食起居的用房。生产性用房主要是指家庭和集体的农作物生产所需的用房。

民房的改造包括民房的加固改造、节能改造、功能改造，也包括农民炉灶的节能改造，太阳能、生物质能源利用和庭院经济等。

4. 环境卫生

环境卫生是指农村空间环境的卫生。主要包括街巷、道路、公共场所、水域等区域的环境整洁，垃圾、粪便等生活废弃物收集、清除、运输、中转、处理、处置、综合利用，环境卫生设施规划、建设等。

5. 防灾减灾

我国幅员辽阔，地理气候条件复杂，是世界上受自然灾害影响最为严重的国家之一，灾害种类多、发生频率高、损失严重。我国最常发生的灾害有洪涝、干旱、地震、台风和滑坡泥石流五种，防灾减灾能力直接关系到一个国家和地区能否构筑综合的、长期的、稳定的可持续发展战略，能否实现经济、社会与环境的平衡发展。对防灾减灾战略意义的认识，是人类在付出了无数次惨重代价之后总结出的宝贵经验。

6. 传统建筑文化保护

村庄的历史文化遗产与乡土特色包含有大量不可再生的历史和

乡土文化信息，是村庄宝贵的文化资源，是世代认知与特殊记忆的符号，是全体村民的共同遗产和精神财富。对村庄历史文化遗产和乡土特色风貌的科学保护与合理利用，有助于村民了解历史、延续和弘扬优秀的文化传统，将对农村精神文明建设和社会发展起到积极作用。

1.1.4 村庄整治技术规范

为提高村庄整治的质量和水平，规范村庄整治工作，改善农民生产生活条件和农村人居环境质量，稳步推进社会主义新农村建设，促进农村经济、社会、环境协调发展，住房和城乡建设部颁布实施了《村庄整治技术规范》GB 50445—2008，并于2008年8月1日起施行，适用于全国现有村庄的整治。

《村庄整治技术规范》的内容包括：安全与防灾，给水、排水设施，垃圾收集与处理，粪便处理，道路桥梁及交通安全设施，公共环境，坑塘河道，历史文化遗产与乡土特色保护等10个方面。

《村庄整治技术规范》的颁布和实施，解决了村庄整治参照城市居住区规范执行，没有自己标准的历史，作为指导社会主义新农村建设村庄整治工作的国家标准，规范对推动村庄整治工作深入开展，把握改善农村人居环境工作的方向和力度，将起到十分重要的作用。

规范要求村庄整治要把握住以"治旧"为核心，以农民自愿为前提，充分利用现有设施、现有条件，逐步改善农村人居环境为基本出发点，将农村各类公共设施改善的实际可能与符合国家规定的相关基本技术要求相结合，突出重点，注重实效。

1.2 村庄整治项目管理

1.2.1 村庄整治项目

项目是由一组有起止时间的、相互协调的受控活动所组成的特定过程，或者说是指具有特定目标的一次性任务。项目的类型很多，在生产实践中到处可见项目的存在，如工程建设项目、农业开发项目，技术推广项目，科学研究项目等。对于村庄整治项目属工程项目的范畴，是指通过对村庄整治具体建筑产品的规划、设计、施工、安装或整修等活动形成新增固定资产或达到旧有设施改造效果的过程。同其他工程项目一样村庄整治项目也需要一定投资和消耗大量的人力物力，需要按照一定程序，在一定时间内完成，并应达到特定的质量要求。

一般来说，项目具有以下几个特征：

（1）具有明确的目标。项目的目标包括成果性目标与约束性目标。对于村庄整治项目而言，其成果性目标就是通过项目所形成的整治成果。约束性目标是指在实现成果性目标的过程中的客观条件约束、费用限制、工期限制等。

（2）项目的整体性。项目不是一项孤立的活动，是为实现目标而开展的各项任务的集合。如一个村庄整治项目可能包括村内道路建设、污水处理设施、垃圾处理设施等多个整治任务。村内道路整治也可单独作为一个整治项目，他又是村内主干道、若干个次干道和巷道的组合。

（3）项目的一次性。每一个项目都有区别于其他项目的特殊性，没有两个完全相同的项目，这也说明每一个项目都是一系列活动的有机组合。一个村庄的村庄整治可分为多个项目分期、分批来完成。

我国村庄整治项目还有其自身的特殊性：

（1）在一个总体规划设计下，由若干有关联的单项工程组成，实行统一核算，统一管理。需要遵循一定的程序（如规划设计程序，申报程序等）和经过特定的过程。有四个约束条件：一是时间即工期，二是投资额即资金，三是质量，四是环境保护。

（2）管理主体的多类性。村庄整治项目的管理主体可能是地方各级政府部门、企业、村集体或村民个人。不同类型管理主体的目标及管理模式具有很大的差别。

（3）管理对象的多样性。村庄整治项目管理的对象专业跨度大，规模有大有小，很难形成一个统一的管理模式。

(4) 管理内容的复杂性。村庄整治内容广泛，涉及面广，专业跨度大，需要多专业人士的共同参与。

(5) 从事村庄整治项目实施的施工人员往往是普通农民和农村工匠，专业水平低，经验缺乏，管理难度大，如管理不善，质量和工期难以保证。

我国村庄整治项目的特殊性决定了村庄整治项目管理的难度和复杂性，需要不断总结成功的经验，努力探索其规律性。

1.2.2 村庄整治项目管理

村庄整治项目管理是为使村庄整治项目取得成功所进行的全过程、全面的策划、组织、控制、协调与监督。村庄整治项目管理的基本特征是面向整治工程，实现劳动力、材料、机械设备及资金在项目上的优化配置，实现村庄人居环境改善的整治目标。

不同的村庄整治项目有不同的管理主体。由村集体出资或融资的项目，管理主体应为村委会，由村民个人出资的项目（如房屋改造等）管理主体为村民个人。同样，由县、镇政府主导并出资的大型或跨村的整治项目，管理主体应为县、镇政府或其委托的相关部门。

项目管理是一门学问，具有系统的知识体系、理论和方法。只有按照项目管理的思想、方法和要求进行村庄整治项目的管理和实施，才能实现管理的科学性和有效性，保证村庄整治项目目标的实现。

村庄整治项目管理的内容（或知识体系）一般包括：

范围管理、时间管理、成本管理、质量管理、沟通管理、风险管理、资源管理、采购管理、综合管理。

1.3 村庄整治的指导思想与工作要求

1.3.1 村庄整治的指导思想

（1）充分利用已有条件，整合各方资源，坚持政府引导与农民自力更生相结合，完善村庄最基本的公共设施，改变农村落后面貌。

(2) 因地制宜，可采取新社区建设，空心村整理，城中村改造，历史文化名村保护性整治等不同形式。可以村容村貌整治，废旧坑(水)塘和露天粪坑整理，村内闲置宅基地清理，村内主要道路硬化，配套供水设施建设、排水沟渠及垃圾集中堆放点、集中场院、农村基层组织与村民活动场所、公共消防通道及设施等建设与整治为主要内容开展整治工作。

(3) 充分利用现有房屋、设施及自然和人工环境，分期分批整治改造农民最急需、最基本的设施和相关项目，以低成本投入、低资源消耗的方式改善农村人居环境，防止大拆大建、破坏历史风貌和资源。

(4) 严格避免将村庄整治等同于新村建设的做法。

(5) 必须以农村实际出发，以"治大、治散、治乱、治空、治旧"等工作为重点。

(6) 村庄长远发展应结合我国城乡一体化发展目标，符合各地编制的各级城乡规划内容要求。村庄整治工作应重点解决当前农村地区的基本生产生活条件较差、人居环境亟待改善等问题，兼顾长远。

(7) 开展村庄整治工作，必须尊重农民意愿，保障农民权益。

1.3.2 村庄整治的基本原则

村庄整治工作应符合下列基本原则：

(1) 充分利用已有条件及设施，坚持以现有设施的整治、改造、维护为主，尊重农民意愿、保护农民权益，严禁盲目拆建农民住宅；

(2) 各类设施整治应做到安全、经济、方便使用与管理，注重实效，分类指导，不应简单套用城镇模式大兴土木、铺张浪费；

(3) 根据当地经济社会发展水平、农民生产方式与生活习惯，结合农村人口及村庄发展的长期趋势，科学制定支持村庄整治的县域选点计划；

(4) 综合考虑整治项目的急需性、公益性和经济可承受性，确定整治项目和整治时序，分步实施；

(5) 充分利用与村庄整治相适应的成熟技术、工艺和设备，优先采用当地原材料，保护、节约和合理利用能源资源，节约使用土地；

(6) 严格保护村庄自然生态环境和历史文化遗产，传承和弘扬传统文化。严禁毁林开山，随意填塘，破坏特色景观与传统风貌，毁坏历史文化遗存。

1.3.3 村庄整治的工作要求

开展村庄整治工作，必须尊重农民意愿，保障农民权益。并应全面考虑下列工作要求。

(1) 应首先明确村庄整治工作中，农民的实施主体和受益主体地位。"整治什么、怎么整治、整治到什么程度"等问题应由农民自主决定。必须防止借村庄整治活动侵害农民权益，影响农村社会稳定的各类行为；

(2) 一切从农村实际出发，结合当地地形、地貌特点，因地制宜进行村庄整治。应避免超越当地农村发展阶段，大拆大建、急于求成、盲目照搬城镇建设模式等行为，防止"负债搞建设"、"大搞新村建设"等情况的发生；

(3) 村庄整治应综合考虑国家政策，并根据当地的实际情况，首先做好选点工作，避免盲目铺开；

(4) 应根据村庄经济情况，结合本村实际和农民生产生活需要，按照轻重缓急程度合理选择具体的整治项目。优先解决当地农民最急迫、最关心的实际问题，逐步改善村庄生产生活条件；

(5) 村庄整治要贯彻资源优化配置与调剂利用的方针。提倡自力更生、就地取材、厉行节约、多办实事。村庄发展所需空间和物质条件，必须立足于土地的集约利用和能源的高效利用，积极开发和推广资源节约、替代和循环利用技术；

(6) 注重自然生态保护，保持原有村落格局，维护乡土特色，展现民俗风情，弘扬传统文化，倡导文明乡风。村庄的自然生态环境具有不可再生性和不可替代性的基本特征。村庄整治过程中要注意保护性的利用。

1.3.4 村庄整治的工作方法与对策

住房和城乡建设部仇保兴副部长在"生态文明时代的村镇规划与建设"一文中提出了村庄整治要明确"三先行"、坚守"四底线",确保"五重点"的工作方法与对策。

1. 村庄整治要明确"三先行"的工作方法

(1) 镇、乡村整治规划的编制先行。首先要依据各地城镇化和工业化的水平、居住环境、风俗习惯、收入水平、自然资源、经济社会功能方面的基础条件,区分城市近郊区、工业主导型、自然生态型、传统农业型和历史古村型等不同的村庄性质类型,依照"保护、利用、改造、发展"相协调的原则进行规划编制。

(2) 历史文化名镇名村的评选先行。就是每一个县、城市、省都要建立名镇名村的评选机制。县一级的名镇名村是基础,要把历史名村评选出来。那些古建筑多的、村庄建筑布局与自然环境协调、建筑风貌有地方特色的村庄都可以参选。然后是市一级、省一级,再到国家级。现在住房城乡建设部已与国家发改委、国家文物局联合,对国家级的历史文化名城名镇名村给予资金扶持。

(3) 重点整治项目先行。村庄整治的重点和时序一定要根据农民生产生活的需要,逐村进行村民自行投票来确定。让村民主动提出他们所生活的村庄目前最突出的影响人居环境的问题,切忌从上而下指令性"一刀切"来确定整治建设项目。特别要防止以城里人的观念、把城里人熟悉的办法简单带到农村去。要强调先公后私、以公带私,即要将投资集中在公共品的提供方面,突出解决一家一户无法提供的公共品。如村民们提出"喝干净水、走平坦路、使卫生厕、住安全房、用平价电"。这是最起码的生活保障。这几条做到了,就是最好的为民办事。

2. 村庄整治要坚持"四底线"

(1) 不劈山、不砍树,不破坏自然环境;

(2) 不填池塘、不改河道,不破坏自然水系;

(3) 不盲目改路、不肆意拓宽村道，不破坏村庄肌理；

(4) 不拆优秀乡土建筑，不破坏传统风貌。

3. 村庄整治要确保"五重点"的工作思路

(1) 村庄道路硬化

村庄之间、村庄内部的道路是方便农民生活、提升居住质量、支撑农村经济社会发展最基本的硬件条件。近年来，我国不少地方村庄人居环境治理都取得了积极的成效。但还有不少地方，农村宅前屋后的巷道、村庄内部道路等基本是土路，"晴天一身土、雨天一身泥"，极不适应农民群众的需求。

(2) 村镇生活垃圾污水治理

有不少地方，村庄垃圾和污水不处理，随意堆弃、肆意排放，严重影响村容村貌。在社会主义新农村建设中，各地要将创建公共卫生放在重要地位，加强农村生活污染治理。要尽量采用小规模、微动力、与原有生态循环链相符合的"适用性"环境保护技术。可结合各地实际，积极推进生活垃圾的分类收集和就地回收利用，坚持减量化、无害化，推行"户分类、村收集、乡运输、县处理"的农村生活垃圾处理方式。不能盲目把农村的垃圾运到城市搞集中处理。

(3) 加强农居安全

各地村庄还不同程度存在农房简陋破烂、结构安全隐患突出、抵御自然灾害能力低下等问题，需要地方政府充分重视，并抓紧予以解决。各地在村庄整治中，引导农房建设逐渐从单纯追求面积向不断完善功能转变，从单纯注重住房建设向注重改善居住环境转变，从简单模仿建筑和装修形式向更加注重安全和乡土特色转变，既满足抗震、通风、采光、保暖、消防、安全等建筑结构要求，也要适应现代农村发展，妥善考虑储藏、晾晒、团聚等方面的需要。要推进农村危房改造，采取多种方式优先解决农村困难群众住房安全问题。

(4) 改善人居生态环境

充分利用村庄原有的设施、原有的条件、原有的基础，按照公益性、急需性和可承受性的原则，改善农民最基本的生产生活条件，重点解决农村喝干净水、用卫生厕、走平坦路、住安全房的问题。加大村庄整治力度，要按照城乡统筹、以城带乡、政府引导、农民主体、社会参与，科学规划、分步实施，分类指导、务求实效的原则，充分依托县域小城镇经济社会的发展优势，推动村庄整治由点向片区、面上和县域扩展。依据《村庄整治技术规范》，完善村庄公共基础设施配置，推进农村生活污染治理，全面改善农村人居生态环境。

（5）优先发展重点镇

近几年来，小城镇发展对地区经济发展的影响越来越大，涌现出了一批发展态势良好、带动作用显著的小城镇。城镇密集地区和大城市郊区小城镇重点发展深加工产业链和第三产业，承接中心城市的工业转移和改造升级。农业地区小城镇重点发展农副产品深加工工业，服务现代农业，逐步建立贸工农一体化经营体系。重点镇对于带动现代农业、为农村特色产业服务、改善农村人居环境作用明显。必须加大资金、政策支持力度，优先支持重点镇供水、排水、供电、供气、道路、通信、广播电视等基础设施和学校、卫生院、文化站、幼儿园、福利院等公共服务设施的建设，积极引导社会资金参与重点小城镇建设，改善人居生态环境，增强集聚产业和吸纳人口、繁荣县域经济的能力；结合农村经济社会发展和产业结构调整，推动现有规模较大的重点小城镇适度扩展行政权能，增强服务现代农业发展的能力，为周边农村提供服务；改善进城务工农民返乡就业创业条件，探索建设返乡创业园区，研究解决转移进城进镇农民的住房问题，推进农民带资进镇，引导农村劳动力和农村人口向非农产业和城镇有序转移。在经济比较发达的小城镇连绵区，还要做好小城镇之间的协调发展，鼓励小城镇之间建立跨行政区域的协作，统一协调区域性的公共设施和基础设施建设。

2 村庄整治规划设计与用地管理

2.1 村庄整治规划

规划是成败的关键。为使村庄整治工作有条不紊地进行，明确整治目的和要求，当村庄规模较大、需整治项目较多、情况较复杂时，应编制村庄整治规划作为指导。村庄整治规划应按照"一次规划、分步实施、因地制宜"的原则编制。

村庄整治规划不同于村庄规划，其成果应由"两图三表一书"组成，即：现状图、整治布局图、主要指标表、投资估算表、实施计划表、规划说明书。

编制村庄整治规划是政府引导和规范村庄整治工作的手段。编制村庄整治规划与实施安排要防止简单套用城市规划的方法和指标，要尊重农民的意愿，吸纳村民代表参与规划的编制工作；要保护耕地，集约节约使用土地；要因地制宜，突出农村特点和地方特色；应侧重农村基础设施，农民生活环境的整治。重在治旧，不在于建新。整治的重点内容包括村庄内部道路、村庄供水设施、村庄排水设施、村庄垃圾集中堆放点、村内乱搭滥建、人畜混杂居住、村庄废旧坑塘与河渠水道、村容村貌整治、村民活动场所、古村落与古建筑的保护等。

对于不申请政府资金支持的村庄整治项目的规划不一定需要行政主管部门审批，但必须符合各地政府编制的各级城乡发展规划的要求。

2.2 村庄整治用地管理

2.2.1 村庄整治要严格执行土地管理制度

2004年8月28日中华人民共和国主席令公布施行了由全国人民代表

> 大会常务委员会第二次修正的《中华人民共和国土地管理法》。
>
> 2008年1月14日，针对一些地方仍存在违反农村集体建设用地管理法律和政策规定，将农用地转为建设用地，非法批准建设用地等问题，国务院办公厅发布了《国务院办公厅关于严格执行有关农村集体建设用地法律和政策的通知》（国办发［2007］71号）。
>
> 2008年8月31日，国务院颁发了《国务院关于加强土地调控有关问题的通知》（国发［2006］31）。

我国人多地少，为保证经济社会可持续发展，必须实行严格的土地管理制度，土地用途管制制度是最严格土地管理制度的核心。在村庄整治过程中，必须严格执行国家的土地管理制度，不得盲目扩大建设用地规模或扩大使用范围、不得擅自改变农民集体所有土地的使用性质。

2.2.2 关于村庄建设用地的法律规定[2]

《中华人民共和国土地管理法》规定，乡镇企业、乡（镇）村公共设施和公益事业建设、农村村民住宅等三类乡（镇）村建设可以使用农民集体所有土地。

《中华人民共和国土地管理法》规定："国家实行土地用途管制制度"，根据用途，国家将土地分为农用地、建设用地和未利用地。严格限制农用地转为建设用地。这里所说的农用地是指直接用于农业生产的土地，包括耕地、林地、草地、农田水利用地、养殖水面等；建设用地是指建造建筑物、构筑物的土地，包括城乡住宅和公共设施用地、工矿用地、交通水利设施用地、旅游用地、军事设施用地等；未利用地是指农用地和建设用地以外的土地。

"使用土地的单位和个人必须严格按照土地利用总体规划确定的用途使用土地"。任何建设需要将农用地和未利用地转为建设用地的，都必须依法经过批准。兴办乡镇企业、乡（镇）村公共设施和公益事业建设、村民建住宅需要使用本集体经济组织农民集体所有土地的，必须符合乡（镇）土地利用总体规划和镇规划、乡规划、村庄规划（以下简称乡（镇）、村规划），纳入土地利用年度计划，并依法办理规划建设许可及农用地转用和建设项目用地审批手续。违反土地利用总体规划和不依法经过批准改变土地用途都是违法行为。

农村村民一户只能拥有一处宅基地，其面积不得超过省、自治区、直辖市规定的标准。农村村民出卖、出租住房后，再申请宅基地的，不予批准。农村住宅用地只能分配给本村村民，城镇居民不得到农村购买宅基地、农民住宅或"小产权房"。单位和个人不得非法租用、占用农民集体所有土地搞房地产开发。

2.2.3 严格土地执法监管[3]

近年来，党中央、国务院连续下发严格土地管理、加强土地调控的政策文件，要求严格执行有关农村集体建设用地法律和政策，坚决遏制并依法纠正乱占农用地进行非农业建设。

2007年12月30日"国务院办公厅关于严格执行有关农村集体建设用地法律和政策的通知"指出："国土资源部要会同发展改革、监察、农业、建设等部门，依据土地管理的法律法规和有关规定，严格土地执法监管，坚决制止乱占农用地进行非农业建设的违法违规行为"。

在村庄整治中，应认真清理查处农民集体所有土地使用中的违法违规问题，严格控制建设用地供应总量，刹住乱占滥用农用地之风。

2.3 "空心村"废弃地与空置宅基地的利用

2.3.1 我国的"空心村"问题

1. "空心村"的含义

"空心村"有两层含义：一是指空间意义上的"空心"，即是指村庄在建设过程中，新建住宅"摊大饼"式不断向村庄周围扩展，而在老村中心区域则保留了大量空闲宅基地和闲置土地，房屋多为破旧民房，且大多已经无人居住甚至倒塌。二是指人口意义上的"空心"，主要是随着大量劳动力向外转移，村里剩下的都是老人、妇女和儿童的现象，见图2-1。有人说"现在农村有三多，留守老人多、空关房屋多、宅基地闲置多。"

图 2-1 "空心村"

"空心村"造成了大量土地资源的浪费，而且存在诸多安全隐患，给农村居民生产生活带来不便，严重影响村容村貌，阻碍了村庄的发展。

"空心村"的形成主要有以下两个原因：

(1) 村庄建设规划缺失。没有按照有关规定制定科学的村庄建设规划，或有规划但没有严格执行，致使村庄的建设特别是民房的修建出现混乱的局面。有些乡村干部为了收钱随意"卖"新宅基地，对于旧宅基地却没有收回。而新宅基地大多选择在村边自然条件较好、交通便利的地段，形成了村周或某侧乱建新房，村庄内部破烂不堪，很多土地空闲荒芜，闲置旧宅基地不断增多，村庄不断扩大的内空外延的"空心村"。

(2) 城市化进程加快，外出务工人员增多。有些是在外购置了住房，居家转到城市，他们在农村的住房完全闲置；有些是农户家庭的主要劳动力（或全家）长期进城务工经商，只有在春节或农忙季节回到农村老家住几天，使得平常留守农村的人口都是老弱病残和妇女儿童，这些农户住房的使用率很低，很多房子则没人居住，形成"空心村"。

2. "空心村"空置土地类型

按土地闲置状况"空心村"空置地可分为以下几种类型（图 2-2）：

空置宅基地又包括房屋状况良好的空置宅院，经维修可以使用的空置宅院，危房或房屋已倒塌的空置宅院，无房的空置宅院。房屋状况良好的空置宅院又分为无人居住、短时居住两种。

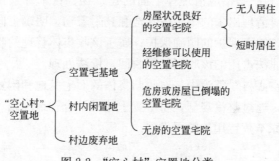

图 2-2 "空心村"空置地分类

村内闲置地指村庄内部已利用面积以外的零星土地,包括宅基地周边零星地块、废塘、洼地、以及废弃的大坑、场院等。村边废弃地大多是因多年人为造成荒废的村边田头、边角地、路旁河滩等。这些土地虽然比较零碎,但位于已开发利用的土地之间,地理位置比较优越,易于开发,对这部分土地的恢复利用非常重要,往往用少量的投资即可获得比较高的效益。

2.3.2 "空心村"空置地开发利用

对农村大量闲置宅基地进行全面整治利用,是一个长期而复杂的社会系统工程,必须与社会主义新农村建设有机地结合,充分尊重农民的意愿,科学规划,分步实施。

搞好"空心村"整治,应首先对村内的土地闲置情况进行一次全面调查清理,将村内所有的闲置宅基地以及空闲地登记造册,制定消化利用的规划、计划和政策措施,加大盘活存量用地的力度。对一户多宅和空置住宅,因地制宜地制定措施,加以回收。对村中的危房、空置房,结合新农村建设,采取统一拆除,合理规划利用。

农村宅基地归集体所有,不是私人财产,宅基地的使用应以实际需要为基础,如果宅基地长期闲置,表明使用人不再需要,要依法收回其使用权。对村民合法拥有使用权的空置土地可以采取土地置换的方式,将农民手中的宅基地与集中的新规划的居住用地进行置换。

"空心村"整治应清理掉上面的建筑物、树木等杂物，统一安排使用。对清理出来的闲置宅基地和其附着物，明确去向：属于文物范畴的该纳入保护的明确保护；属于该收集体管理的收回集体管理；属于非法占用的该收回的要收回，依法处理。

在"空心村"整治中，对收归集体的旧宅基地和闲置地应根据实际情况，通过整治规划，将空置土地科学合理地加以利用，激活村庄中心原本荒置用地的再发展。

管理-1 "空心村"空置地利用

定义和目的：

"空心村"空置宅基地、村内闲置地、村边废弃地的利用。

技术特点与适用情况：

适用于全国所有"空心村"的改造。

技术的局限性：

应根据村庄的实际情况，因地制宜选择相应的利用技术、技术组合及具体的应用方法。不适于房屋状况良好的空置宅院。

标准与做法：

利用的途径与方法如下。

1. 进行闲置地的复垦整理和农业开发

（1）搞好农村居民点内部用地整理和村边废弃地整理，达到补充耕地的目的。对于村中村边空闲地、废弃地和打谷场等，政府鼓励农户参与整治，可本着谁开发谁受益的原则，使每一寸土地还耕于民，得到合理的开发利用。对于那些面积较大，农民无能力整治的项目，则由政府投资，整理出的土地，政府部门则在做好打井、修路等基础设施后，或承租给农民，或出租给种粮大户。村内空闲地应尽量承包到户开发挖潜。

（2）有条件的地方也可以结合迁村并点，引导人口向中心村或居住社区集中，形成合理村庄建模，以节约土地和基础设施投资。对搬迁后的土地进行复垦整理。由于搬迁加大了村民到自己承包农田的距离，会给农民的耕作带来不便，应合理确定集中居住区间的距离。

加大农田闲置地复垦还可向有关部门争取1∶1的置换折抵建设用地指标和大额的经济补助，无形中壮大了村级集体经济。此外，还可积极探索农村宅基地减少与城镇建设用地增加挂钩的政策，提高各地推进农村宅基地整理的积极性，拓展城镇建设用地的空间。

（3）采取异地取土、平整土地、增施有机肥，并辅以防护堤、田间道路、水渠灌溉等配套水利设施等办法复垦土地，复垦的土地经3～5年的时间即可成为优质良田。

（4）从发展大农业的角度出发复垦空置与废弃地。本着宜农（主要指耕作业）则农、宜林（主要指果园、经济林）则林、宜牧（主要指牧草场）则牧、宜渔则渔的原则，合理选择具体利用方式。

（5）对田间村边的废弃地、荒地、荒沟、荒滩要因地制宜，广泛植树。利用村边沙碱荒地、废弃地以及不适宜农业耕种的土地，建设商品林基地。

（6）利用村边废弃地营建环村防护林带。防护林带宽度不低于10m，树种以高大速生乔木为主，环村林带要在距离村庄50m范围以内，行数不低于3行。

2. 用于建造民房或村内的公共设施

（1）使用原住宅基地、村内空闲地建设住宅。农村村民新建、改建、扩建住宅，应首先利用村内空闲地、老宅基地以及荒坡地、废弃地。这些地块大多位于村庄中心部位，道路、电力等配套基础设施齐全，建设成本较低。村委会应把"拆旧建新"和批准供应宅基地结合起来。

（2）平整废弃地及空宅基地建新村。采取群众自愿、政府引导、阳光运作和适当补助的办法，对无人居住、房屋结构低矮、占地面积大，利用率低且卫生条件差的空房实施成片拆除平整，重新规划建设新的居住区或新村。

（3）在城镇郊区村和集体经济比较雄厚的村庄，采取集体出资或村民自愿筹资统一购买旧房拆除的方式集中宅基地，统一投入基础设施，统一安排地基，统一建设。在北京郊区的一些村庄就是采取集体出资兴建新房以置换旧房进行统一建设的模式。

(4) 采取"购旧建新"模式。江西省高安市蓝房镇炕上村创造并成功实践了这一模式。其做法是，用宅基地货币化来平衡村民之间的宅基地面积。凡建新房的农户必须拆除一定面积的旧房，本人旧房面积不足的，应购买其他用户多余的旧房进行拆除。经过一定周期的"购旧建新"，用经济手段腾出大量宅基地，即可满足村民的建房用地要求，又能满足公共设施用地要求，达到即改造旧村又节约耕地的目的。

(5) 利用空置宅基地或闲置地建设村内公共设施。如图书室、农民技能培训学校、党员活动室、篮球场、羽毛球场、乒乓球场、门球场及各种健身器械等设施。

3. 用于环境保护或文化用地等

(1) 以净化环境，美化村容村貌为目标，在农村宅旁、路边要见缝插绿，植树绿化。

(2) 改造村内闲置地，建设村庄小型游园，为居民提供休憩游乐的场所。

(3) 对废弃的水塘进行清淤整治，建成生态化水塘、水上公园、荷塘等。

(4) 利用20多亩的废弃地，建立停车场和接待中心。

4. 发展种植、养殖业

把村内闲置地实行统一管理，通过投标租赁，提供给养殖户，发展种植与养殖业，有效地解决养殖场地的问题。

(1) 以发展村级经济为主体，把闲余的"沟边、路边、塘边、村边"等利用起来，发展种植业。如，有些村庄种植蔬菜、栽植柑橘、套袋种植无公害葡萄、栽种水蜜桃、薄荷、牧草、播种经济价值较高的"紫花苜蓿"草、建设蘑菇种植大棚等。

(2) 利用村内闲置地，建立养殖小区，发展养殖业。如：建造标准化养鸭大棚，扶持发展规模饲养；开发了流经村内的河道，建设养鱼塘、莲藕池；占用村边、路沿的土地搭建鸡棚、小型规格养猪场；利用村内闲置土地以及闲散的大棚、厂房建立饲养场，饲养秸秆蚯蚓等；利用村边低洼地，进行仿野生甲鱼生态养殖。

利用废弃地修建了休闲小景观，结合水田改善项目，建设了集休闲娱乐、水田标准化种植于一体的休闲观光园。

5. 发展工业企业

对于村内工业等各项非农业建设用地，应尽量利用村边、路旁的闲散、废弃地。可把村边废弃地规划为一个工业小区，划定给有关的企业和经商户建设厂房，如利用空置地兴办彩钢瓦砖厂。也可把废弃地建成材料、农作物秸秆的堆放场集中堆放。

管理-2 "空心村"空置民房利用

定义和目的：

指"空心村"无人居住及短时居住的空置宅民房的利用。

空置民房有两种空置状态有两种：住户已搬迁到外地，一般不回来使用，长年空置；住户全家外出打工，仅春节等重要节日才回来短时居住。

技术特点与适用情况：

适用于"空心村"中状况良好可直接使用或经改造可以使用的空置民房。

技术的局限性：

应根据村庄的实际情况，因地制宜选择相应的利用技术、技术组合及具体的应用方法。不适于房屋破旧或已倒塌的空置宅院。

标准与做法：

1. 空置民房的利用方式

对于空置民房的利用应通过与户主的协商，采用村集体租赁、村民个人租赁、与空置的民房户主合作经营等方式使用。

根据一年中空置的时间长短可以分为短期租赁和长期租赁；根据租赁对象可以分为村集体租赁、农户个人租赁和合作经营。合作经营时民房可以算作股份。

2. 空置民房的用途

（1）开展乡村旅游，办农家乐。

（2）可以用作公用设施、村民活动场所。如农民书屋、棋牌室、幼儿园等，如农村文化基础设施落后，多数村庄没有图书室或设施简陋、面积狭小，空置民房建立农民书屋不仅投资小，而且见效快。

（3）沿街房屋可以用作生活服务中心，如卫生保健站百货商店等。

（4）可以搞副业，办小作坊等，也可以搞养殖业。

3. 注意事项

空置民房的使用不能影响居民正常生活，要符合环保要求，不能导致空气、噪音和地下水污染。

2.3.3 "空心村"空置地流转

管理-3 村庄整治建设用地流转

定义和目的：

农村集体建设用地使用权流转应是建设用地使用权在土地使用者之间的转移，流转的主体是土地的使用者而非土地的所有者，流转的客体应是存量建设用地而非规划建设用地，土地使用权流转收益分配关系的主体应是土地所有者、使用者和国家，而非各级地方政府。

技术特点与适用情况：

宅基地及土地使用权属流转。按照"巩固使用权、明确发包权、稳定承包权和放活使用权"的农村土地制度，对村民手中多余的宅基地、空置地通过经济杠杆手段调配给最需要宅基地的村民手中，使之实现符合规划、建设规范、土地合理高效利用的目标。

仅适用于农村集体存量建设用地(非规划建设用地)。

技术的局限性：

各地地方政府制定具体的流转办法。

标准与做法：

1. 由村集体组织或镇、县政府机构出面，对农民宅基地及住房进行整体规划和集中改造，先在村庄附近盖好能够集约用地的商品房，然后按照一定价格折算办法同农民的宅基地及房屋进行置换。这是一个比较普遍的做法。置换后的土地可用于扩大耕地面积，更多则用于非农业性开发。这种改革模式的最大特点是有政府的积极参与，可以避免农民个人自发流转带来的种种问题。

2. 实行宅基地有偿使用。在不违背《宪法》、《土管法》的前提下按照每户只能有一处标准住宅的原则，对法定享用面积实行划拨土地使用权形式解决其用地，对村民确因生产、生活需要要求增加宅基地的实行"有偿使用，按宅收费，以级论价，多占多交"的方式解决，再以补偿金的形式返还给农户。让少占的人得利，多占的人吃亏，利用经济手段进行调节，以遏制农村宅基地不断扩大的趋势。

3. 积极推行土地置换政策。在符合村庄建设详细规划的前提下，应对那些位置分散的闲置地和低利用地（如边角地、拆花地）进行土地置换、盘活利用，通过"易主"、"易用"把这些土地归并整合到一起，使得位置趋于集中、面积更具规模、地块更加归整，以便于充分利用。同时，加大对闲置土地的查处、收回，纳入城市收购储备范围。

4. 采取"购旧建新"模式实现土地的流转。

5. 对已签订空闲地承包合同户，必须按合同缴纳承包费。

2.4 城乡建设用地增减挂钩试点工作

2.4.1 "增减挂钩项目"的概念

所谓"增减挂钩"是指城镇建设用地增加与农村建设用地减少相挂钩，增减挂钩项目即依据土地利用总体规划，将若干拟复垦为耕地的农村建设用地地块（即拆旧地块）和拟用于城镇建设的地块（即建新地块）等面积共同组成建新拆旧项目区（以下简称项目区，包括建新区和拆旧区），通过建新拆旧和土地整理复垦等措施，在保证项目区内各类土地面积平衡的基础上，最终实现增加耕地有效面积，提高耕地质量，节约集约建设用地，城乡用地布局更合理的目标。

开展挂钩试点工作有利于调整优化城乡用地结构和布局，促进土地资源的节约集约和可持续利用，缓解建设用地供需矛盾，改善农民生产生活条件，统筹城乡发展，推进社会主义新农村建设。但挂钩式点应尊重群众意愿，维护集体和农民的土地合法利益。

挂钩试点的依据是《国务院关于深化改革严格土地管理的决定》(国发［2004］28号)规定。该规定鼓励农村建设用地整理，指出城镇建设用地增加要与农村建设用地减少相挂钩。为了贯彻国务院文件精神，国土资源部决定先行开展试点工作。截至2009年4月，国土资源部共批复两批挂钩试点。2005年批复天津、江苏、山东、湖北、四川五个省(市)183个挂钩项目去进行第一批试点，批准挂钩周转指标4924公顷。2008年国土资源部批复第二批试点，其中，批复山东省72个项目区，涉及44个县(市、区)。

建新安置地块面积应小于拆旧地块面积，建新项目应符合国家产业政策和用地定额指标、集约利用土地控制标准要求。拆旧地块复垦耕地的数量、质量应不低于建新占用的耕地，并与基本农田建设和保护相结合。实现项目区内建设用地规模不增加，耕地面积不减少，质量有提高。

挂钩通过下达城乡建设用地增减挂钩周转指标(简称挂钩周转指标)进行。

2.4.2　挂钩试点的主要内容和实施流程

1. 挂钩试点的主要内容

(1) 开展挂钩试点地区农村建设用地管理与专项调查，分析试点地区农村建设用地整理的潜力和可行性。

(2) 结合新一轮土地利用总体规划修编，探索实行挂钩周转试点区域的规划思路、原则、方法，立足优化城乡用地结构，结合用途管制分区，编制项目区实施规划。

(3) 依据规划，按照建新与拆旧必须挂钩联动的原则，统筹安排项目区，在同一项目区内安排落实拆旧地块于建新地块。

(4) 研究制定周转挂钩指标的使用管理办法，包括挂钩周转指标的规模、使用范围、运行周期、归还办法、监控措施等。

(5) 提出项目区实施管理措施，包括项目区的申报审批、组织实施、检查监督、成果验收等。

（6）开展农村建设用地整理土地产权研究，探索农村建设用地流转制度。

（7）研究提出促进农村建设用地管理，推进集约节约利用土地的激励机制和政策措施。

（8）研究项目区土地整理所涉及的土地确权登记内容、程序方法等。

2. 挂钩试点的实施流程

挂钩试点的实施流程分为"调研、申报、审批、实施、监督、验收"六个环节。

（1）调研

试点市、县开展专题调查，查清试点地区土地利用现状、权属等，分析试点地区农村建设用地整理复垦潜力和城镇建设用地需求，了解当地群众的生产生活条件和建新拆旧意愿。

（2）申报

开展挂钩式点的市、县(市、区)人民政府向省级国土资源部门提出开展挂钩试点工作申请。省国土资源厅根据试点市、县(市、区)提供的资料和项目区情况，组织制定省级试点工作总体方案，向国土资源部提出开展挂钩试点工作申请。

（3）审批

国土资源部对省级国土资源部门上报的试点工作总体方案进行审查，并批准挂钩试点省份。经批准的试点省级国土资源部门，依据试点工作总体方案，组织市、县国土资源部门编制项目区实施规划，并进行审查，建立项目区备选库；根据项目区入库情况，向国土资源部提出周转指标申请。国土资源部对项目区备选库进行核查的基础上，按照总量控制的原则，批准下达挂钩周转指标规模。省国土资源厅根据国土资源部批复的挂钩周转指标规模，组织市、县(市、区)筛选项目区。

（4）实施

试点市、县(市、区)根据省国土资源厅批准的试点实施工作计划、项目区实施规划和下达的周转挂钩指标，开展试点工作。

(5) 监督

市、县国土资源部门对挂钩试点工作进行动态监管，每半年对试点进展情况向上级国土资源部门报告，省级国土资源部门定期对本行政辖区试点工作进行检查指导，并于每年年底组织开展年度考核，考核情况报国土资源部备案。

(6) 验收

项目区实施完成后，由试点县级国土资源部门进行初验。初验合格后，向上一级国土资源部门申请，由省级国土资源部门组织正式验收，并将验收结果报部备案。

2.4.3　挂钩试点的组织管理方式

国土资源部负责对全国挂钩试点工作的组织和指导；省级国土资源管理部门辖区内试点工作的管理与监督；市、县国土资源管理部门负责本行政区域内试点工作的具体组织实施。设区的市、县(市、区)人民政府应当成立由政府领导任组长，国土、发展改革委、城市规划、建设、监察、财政、审计、农业、民政等部门负责人为成员的工作领导小组，负责组织编制挂钩工作计划及项目区规划，协调挂钩工作中的重大问题，研究制定相关政策措施。试点工作由市、县(市、区)人民政府组织协调，相关部门协调配合，共同推进。

挂钩试点工作实行行政区域和项目区双层管理，并以项目区为主体组织实施。挂钩设计的农用地和建设用地的调整、互换、使用，必须统一纳入项目区，按项目去进行总量控制、整体审批、封闭运行。对未纳入项目区、无周转指标的地块，不得擅自改变土地用途，涉及农用地改变为新增建设用地的，应当依法办理农用地转用手续。

挂钩项目的工作程序为：

收件(土地所)→现场勘察(所)形成意见→测绘(测绘中心)→会签(规划站、土地利用科、耕保科)形成意见→审查(土地利用科)→审核(分管局长)→填写收费单(土地利用科)→大厅(收费)→分管局长→局长审批→县政府发文(下放国土资源局、办理)→归档(档案室)

2.4.4　挂钩周转指标

挂钩周转指标是指国家和省为了控制挂钩规模和周期,批准并下达给有关县(市、区)一定时期内的一定数量的用地周转规模。挂钩周转指标专项用于项目区内建新地块的面积规模控制,并在规定时间内用拆旧的建设用地复垦出来的耕地面积归还(其他地类复垦的耕地不能用于核定归还指标,国土资函 [2006] 269 号),归还的耕地面积不得少于下达的挂钩周转指标。

挂钩周转指标按照"总量控制、封闭运行、定期考核、到期归还"的原则进行管理,不作为年代新增建设用地计划指标使用。挂钩周转指标在项目区内使用,不涉及新增建设用地,不需缴纳新增建设用地土地有偿使用费,复垦的耕地面积归还后,不单独缴纳耕地占补平衡费用。

关于挂钩周转指标使用的规定:

挂钩周转指标只能在项目区内部周转。项目区内拆旧地块面积大于建新地块面积的,剩余部分不得作为建设占用农用地指标在项目区外使用。项目区内使用周转指标的建设用地,要按照国家产业政策和集约利用控制标准依法供地,经营性用地应当按照规定进行国有土地使用权招标拍卖挂牌出让。需要征收集体土地的,应当依法办理土地征收手续。周转指标优先用于农村居民点和乡村基础设施建设。省土资源行政主管部门负责核定归还周转挂钩指标。周转指标由下达至归还的期限不超过三年。

2.4.5　编制挂钩规划

管理-4　城乡建设用地增减挂钩规划

定义和目的:

城乡建设用地增减挂钩规划(简称挂钩规划)是以土地利用总体规划、城市总体规划、村镇规划、产业布局规划为依据,为综合协调、统筹安排挂钩工作,配套实施居民点归并、基础设施配套、农田综合整治和产业布局优化调整而编制的指导性规划。挂钩规划成果包括规划文本、图件、表格及有关附件。

通过编制挂钩规划，一方面可以在时序和空间上，更好的统筹安排拆旧区和建新区，指导和控制挂钩试点工作；另一方面在规划编制过程中，通过与土地利用规划和城镇建设规划的衔接，可以有效减少重复建设和浪费，防止短期行为。

技术特点与适用情况：

城乡建设用地增减挂钩规划是土地利用总体规划的专项规划之一。适用于城镇建设用地增加与农村建设用地减少相挂钩试点项目。

标准与做法：

1. 工作程序

（1）开展农村建设用地整理与专项调查，分析农村建设用地整理的潜力和分布；

（2）结合城镇建设用地需求预测，提出全省可用于挂钩的农村建设用地整理规模，并进行可行性分析；

（3）探索项目区设立、拆旧区土地整理和建新区土地集约利用和权属调整思路；

（4）探索项目区规划编制、项目区组织实施、周转指标的使用、管理以及项目区的检查监督、成果验收等思路和方法；

（5）提出保障挂钩规划顺利实施的措施。

2. 挂钩项目区实施规划的主要内容

试点省（区、市）在调查分析的基础上，依据土地利用总体规划和城市、村镇规划，编制项目区实施规划。规划成果包括规划文本、规划图件和规划附件。规划文本主要内容包括：

（1）项目区规划目的、任务、依据和规划期限；

（2）项目区基本情况，包括项目区的人口、户数、面积、自然地理概况、土地利用现状、土地权属情况等；

（3）分析项目区农村建设用地整理条件、潜力和可行性；

（4）项目区规划方案；

（5）项目区农村建设用地整理资金预算，落实经费筹措途径；

（6）规划方案评价；

(7) 实施规划的保障措施。

3. 挂钩规划与土地利用总体规划的关系

土地利用规划是对一定区域未来土地利用超前性的计划和安排，是依据区域社会经济发展和土地的自然历史特性，在时空上进行土地资源合理分配和土地利用协调组织的综合措施。只有开展和实施科学的土地利用规划，才能够保证土地资源合理利用，发展农业生产，同时合理布局新村建设。作为土地利用总体规划的专项规划，城乡建设用地增减挂钩规划可以为土地利用总体规划弹性圈的划分提供依据。在不突破土地利用总体规划规模控制指标前提下，弹性圈内的土地可作为本级行政辖区内城乡建设用地增减挂钩项目的新建用地。规划一经批准，弹性圈内的土地视为符合规划。同时，土地利用总体规划在规划分区和空间用途管制方面，可以为挂钩规划预留腾挪用地空间，解决挂钩指标空间落地问题，并与基本农田划定相衔接。

3 村庄整治项目资金估算

3.1 村庄整治项目费用组成

村庄整治项目的费用由余物拆除与清理费、规划设计费、项目新建费用、融资与管理费用组成,见图3-1。

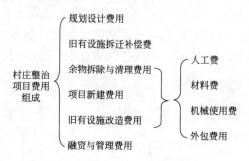

图 3-1 村庄整治项目的费用组成

1. 旧有设施拆迁补偿费

旧有设施拆迁补偿费是指对村庄整治范围内的各类地上、地下建筑物和构筑物如房屋、水井、电力线路、通信线路、公路、地下管道、坟墓、林木等土地附着物,因整治项目建设需要而必须迁移所发生的补偿费用。

2. 余物拆除与清理费用

余物拆除清理费是指对现场范围内余留的有碍整治项目实施的旧有建筑物、构筑物等设施拆除、清理,以及由此产生的垃圾的外运、处理费用。根据各地建筑形式、结构形式的不同,垃圾处理方式的不同,费用有较大的差异。所发生的各种费用。

大多数拆除成本是由经验确定的。也可在在拆除前或观察拆除工作一段时间后做出评估。

3. 规划设计费用

规划设计费是委托规划设计单位或相关研究机构编制村庄整治规划及进行村庄整治项目的详细设计所发生的费用。

4. 项目新建费用

指新建项目或在原有项目基础上进行扩建的费用。该项费用由村集体自行建设所消耗的人工费、材料费、机械费和外包费用组成。人工费是指直接从事现场施工的人员的费用,材料费是指项目建设所需要消耗的各种材料、半成品的费用,机械费是指自有机械摊销的费用或租赁设备的租赁费。

5. 旧有设施改造费用

旧有设施改造费用是指对保留的旧有设施的外观及内部结构构造进行更新、改造所发生的费用,是村庄整治的重要内容。其费用组成与项目新建费用基本相同。

6. 融资与管理费用

(1) 融资费用

融资即是村庄整治所需资金的筹集的行为与过程。也就是村庄根据自身的生产经营状况、资金拥有的状况,以及整治项目的需要,通过研究和决策,采用一定的方式,从一定的渠道向村庄整治的投资者和债权人去筹集资金,组织资金的供应,以保证村庄整治需要,经营管理活动需要的理财行为。

(2) 管理费用

指村委会、县乡镇政府等建设单位(投资主体)为组织村庄整治项目的实施所发生的组织管理费用,政府工作人员的工资不能计算在内。

3.2 资金估算表

3.2.1 村庄整治项目工程量表

工程量表是表现村庄整治项目各子项的项目名称、计量单位和工程数量的详细列表。其基本功能是作为村庄整治项目信息的载体,为村庄整治项目的估价、工作安排及立项申报提供基础信息(见表3-1)。

村庄整治项目工程量表 表3-1

序号	项目名称	计量单位	工程数量
1	村内道路	m²	
2	村外沥青路面道路	m²	
3	村外水泥混凝土路面道路	m²	
4	村内沥青路面道路	m²	
5	村外停车场(硬质铺装)	m²	
6	村外停车场场地平整	m²	
7	村内水泥混凝土路面道路	m²	
8	村内停车场(硬质铺装)	m²	
9	村内停车场(平整场地)	m²	
10	村庄新增加给水管网,管径150	m	
11	村庄给水管网改造	m	
12	村庄新建加压泵站	座	
13	村庄新建水井	眼	
14	村庄污水管网建设	m	
15	村内道路边沟	m	
16	每户宅四周排水边沟	m	
17	村内公共厕所建造(标准蹲位)	座	
18	村内公共厕所改造	蹲位	
19	村内公共厕所维护费	座·年	
20	禽畜舍圈(分为鸡、猪、牛、羊等类型)	m²	
21	沼气池 注明容积	座	
22	沼气处理设备	套	
23	垃圾收集车辆,元/辆	辆	
24	垃圾转运站(标准规模)	座	
25	垃圾箱(标准尺寸),元/个	个	
26	垃圾厌氧消化设施,元/套	套	
27	围墙护栏建造(分为砖、砖混、铁艺、不锈钢等)	延长米	
28	建筑外立面粉刷	m²	
29	宣传栏	个	

续表

序号	项目名称	计量单位	工程数量
30	水塘建造	m^2	
31	水塘改造维护(清淤、修筑堤岸等)	m^2	
32	小品雕塑(分为石材、金属等不同类型)	个	
33	公共活动广场建设(平整、铺装、绿化)	m^2	
34	村民活动室建造	m^2	

表中的项目名称必须对各子项的项目特征进行准确、详细的描述。如"混凝土道路"必须注明道路的结构组成、垫层类型、路面混凝土标号等信息，否则很难准确地对其进行估价和计算材料用量。

计量单位采用基本单位。可按以下规则确定：

工程数量是指村庄整治分项项目或设备、构件的实物量，以物理计量单位或自然计量单位表示。

3.2.2 项目的资金估算表

项目的资金估算表包括资金估算总表和资金估算表。

资金估算总表的格式见表3-2。其中第4~7栏，是对第3栏金额费用组成的进一步说明，不需要时可以省略。资金估算总表的金额是由资金估算表汇总而来。

项目的资金估算总表　　　表3-2

序号	费用名称	金额	其中				备注
			人工费	材料费	机械费	其他	
(1)	(2)	(3)	(4)	(5)	(6)	(7)	(8)
1	旧有设施拆迁补偿费						
2	余物拆除与清理费用						
3	规划设计费用						
4	项目新建费用						
5	旧有设施改造费用						
6	融资与管理费用						
	合计						
	其中，自筹 　　　政府资助 　　　借贷						

资金估算表的格式见表3-3、表3-4，其中表3-3为简化格式。资金估算表计算的关键是确定每一计量单位的分项项目的单价，如元/m³、元/m、元/个等。单价确定后再乘以工程量即为分项项目造价。单价的估算方法见第3.3节。

村庄整治项目费用估算表（格式1）　　　　表3-3

序号	项目名称	计量单位	工程量	单价	合价	备注
(1)	(2)	(3)	(4)	(5)	(6)	(7)
	合计					

村庄整治项目费用估算表（格式2）　　　　表3-4

序号	项目名称	单位	工程量	单价	合价	其中				备注
						人工费	材料费	机械费	外包费	

3.3 单价估算方法

报价估算的核心是估算每一个分项项目的单价。常用的单价估算方法有：定额估价法；实物量法；经验估计法。

管理-5 定额估价法估算单价

定义和目的：

定额估价法是通过借助消耗量定额来确定分项项目人工、材料、和机械台时的消耗量，进而对工程进行估价的方法。所谓消耗量定额是指完成单位合格产品（如 $1m^2$ 路面、$1m$ 长管道）所需消耗的人工、材料、机械台时等各种资源的标准数量消耗量定额分为统一定额和企业定额，统一定额又分全国统一定额和地方统一定额。消耗量定额除用于确定工程造价外，还用于现场的施工管理，如确定工期，计算材料的进货量等。表 3-5 为某地区浆砌毛石基础消耗量定额。

浆砌毛石基础消耗量定额　　　　　　表 3-5

项目名称：乱毛石基础砌筑　　　　　　　　定额单位：$10m^3$

定额内容	资源名称	单位	消耗量
人工	综合工日	工日	12
材料	水泥砂浆 乱毛石 水	m^3 m^3 m^3	4.31 13.11 0.87
机械	灰浆搅拌机 200L	台时	4.08
说明			

技术特点与适用情况：

定额法具有简便、直观、明确的特点，是我国过去普遍使用的方法，带有一定的计划经济色彩，适用于规范性强和简单的分项项目。

技术的局限性：

(1) 对于规范性不强，实际的资源消耗与定额的差距较大时，不宜采用。

(2) 对村庄整治的分项项目而言，往往没有与实际水平相一致的定额作参考，因而也无法使用该方法。

(3) 定额估价法是以定额消耗标准为依据，并不考虑作业的持续时间,而实际上由于其工艺特点,机械的使用是不均衡的,机械闲置现象很难避免。因此,当机械费用所占比重较大时,不宜采用定额估价法。

标准与做法:

1. 单价的费用组成

分项项目单价的费用组成,因项目的建设管理模式(见 5.1 节)不同而有差异。对于自建项目,其单价仅包括建造的成本,见图 3-2 (a);对于外包项目来说,其单价还应包括承包人的利润和税金,见图 3-2(b)。

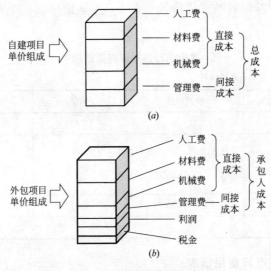

图 3-2 单价的费用组成

总成本由直接成本和间接成本组成。直接成本(也称直接费)指直接消耗在施工过程中的费用,间接成本主要指施工管理费。

人工费指直接从事施工作业人员(不包括非生产人员)的工资、津贴及相关费用。

材料费指在施工过程中所耗用的构成工程实体的材料费和有助于工程形成的各种辅助材料的摊销费。

施工机械使用费指在施工过程中使用自有施工机械所发生的机械使用费,使用外单位施工机械的租赁费以及支付的施工机械的其他费用等。

外包费用指将工程项目的全部或一部分外包给有资质的承包人的合同金额。

施工管理费指组织和管理施工所发生的各项管理费用，包括管理人员工资、差旅费、办公费、固定资产使用费、工具用具使用费等。可用直接费的百分数的方式来计算。

利润指承包人在生产过程中的盈利。

税金是国家税法规定的应计入造价的承包人的营业税、城市建设维护税及教育费附加，按法定税率计算。

2. 计算分析方法

用定额估价法计算分项单价的单价分析表格见表3-6。

浆砌毛石基础单价分析表　　单位：m³　　表3-6

序号	费用名称	单位	定额用量	预算价	合价
(1)	(2)	(3)	(4)	(5)	(6)
1	人工费				78
	综合工日	工日	1.2	65	78
2	材料费				213.79
2.1	水泥砂浆 M5.0	m³	0.431	161.05	69.41
2.2	乱毛石	m³	1.311	110	144.21
2.3	水	m³	0.087	2	0.17
3	机械费				1.63
	灰浆搅拌机 200L	台时	0.408	4	1.63
4	直接费合计	元			293.42
5	管理费	元	8%		23.47
6	成本费用	元			316.89
7	利润	元	5%		15.84
8	税金	元	3.25%		10.81
9	单价合计	元			343.54

表中单价的费用组成根据建设管理模式确定。第(2)、(3)、(4)栏的人工、材料、机械的名称、单位与定额用量来自于定额消耗量表(表3-5)。

材料的定额用量也可用下面的方法计算：

材料的定额用量＝净用量＋损耗量

材料的净用量指直接用到工程实体上的材料量。材料的损耗量是指在施工过程中，材料在场内运输和加工时的损耗量。损耗量的多少用损耗率表示，一般情况下材料定额消耗量用下式计算：

$$材料定额消耗量＝材料的净用量\times(1+损耗率\%)$$

材料的损耗率一般在 1～3 之间。具体确定是，要考虑到村民在建设过程中可能存在由于操作不熟练以及管理不到位而导致损耗量增大的问题。

表中的"预算价"应根据市场情况计算确定，计算方法见"管理-8"、"管理-9"。

其中，水泥砂浆的预算价格是根据每立方米水泥砂浆各组成材料的用量（水泥：0.216t、中砂 $1.015m^3$、水 $0.29m^3$）和相应的预算价格计算的，计算方法为：

$$0.216t\times320元/t+1.015m^3\times90元/m^3+0.29m^3\times2元/m^3$$
$$=161.05元$$

各项费用计算方法如下（单价分析计算方法）：

(1) 人工费＝Σ人工定额用量×人工预算价格
(2) 材料费＝Σ材料定额用耗量×材料预算价格
(3) 机械费＝Σ机械台班定额用量×机械预算价格
(4) 直接费合计＝人工费＋材料费＋机械费
(5) 管理费＝（人工费＋材料费＋机械费）×管理费率
(6) 成本费用＝人工费＋材料费＋机械使用费＋管理费
(7) 利润＝成本费用×利润率
(8) 税金＝（成本费用＋利润）×税率
(9) 单价合计＝成本费用＋利润＋税金

管理-6 实物量法估算单价

定义和目的：

实物量法，指在计算分项项目造价时，根据工程的具体情况和采用的作业方法、资源配备和时间安排，先估算出总工作量，各项作业的时间和所需劳动人数、总的材料用量及施工机械设备的型号和数量，然后再分别乘以各种人工、材料、机械台班的预算价格，汇总后即为单位工程的直接成本费用。计算时要结合市场价格以及施工队伍技术水平等。

技术特点与适用情况：

实物量法较符合工程的实际情况，能较准确地反映工程的个性。是目前推广的方法。工程的主要部分，机械作业所占比重较大、规范性较差的分项项目应尽量采用作业估价法。

技术的局限性：

实物量法计算较为复杂，估算的准确与否，与估价人员的施工经验关系很大，估价人员经验不足时，不宜使用。这是一种最原始的方法，实际上称不上估算，只是一种近似的猜测。

标准与做法：

实物量法是先估算出总工作量、分项工程的作业时间和正常条件下劳动人员、施工机械的配备，然后计算出各项作业持续时间内的人工和机械费用。其计算具体步骤如下：

(1) 根据图纸要求和现场条件计算工程量。

(2) 确定施工方法，选择施工机械及型号。

(3) 确定合理的施工人员组合。

(4) 确定施工顺序和各工作之间的先后关系。

(5) 根据施工人数和施工机械生产率计算工作量和施工天数，如工期不合要求，可通过增减机械及施工人员数量进行调整。

(6) 根据确定的施工天数，并计算人工费和施工机械使用费。

$$人工费 = 人工综合单价(元/工日) \times 人数 \times 作业天数$$

$$机械费 = 机械租赁单价(元/台 \cdot 时) \times 每天作业时间(h) \times 台数 \times 租赁天数$$

(7) 依据材料消耗定额计算出材料消耗量并求出材料费。

$$材料费 = \Sigma 某种材料的定额消耗量(如 kg/m^3) \times 工程量$$

(8) 汇总求出直接费和总成本。

$$直接费 = 人工费 + 材料费 + 机械费$$

$$总成本 = 直接费 \times (1 + 管理费率\%)$$

(9) 计算单位成本

$$分项项目单位成本 = 总成本/分项项目工程量$$

【例】 某村庄水塘整治项目需新挖土方 $480m^3$，土方运至 2km 外堆放。采用斗容量 $0.8m^3$ 挖掘机，配斗容量 $3m^3$ 的 12 马力拖拉机（自卸）运土，另安排 6 人配合机械作业及修整边坡。工期要求 5 天。

已知：每天工作 8h；挖掘机挖该类土的生产率为 $22m^3/h$；拖拉机运输一趟需 0.5h；设备租赁价格挖掘机 150 元/台时，拖拉机 22 元/台时；劳动力为义工，每天补助 25 元。

采用实物量法进行估价的方法如下：

(1) 计算采用 1 台挖掘机的作业天数为
$$480/(22\times8)=2.7 \text{ 天}$$

机械作业 3 天，另考虑挖土后 1 天人工进一步修整边坡，安排工期 4 天（每天工作 8h），满足 5 天的工期要求，故使用 1 台斗容量 $0.8m^3$ 挖掘机。

(2) 计算配套拖拉机台数

土的松散系数（挖后土方量/挖前自然状态原土方量）=1.3

一台拖拉机每小时运土方量（松散土）= $3/0.5=6(m^3/h)$

配套拖拉机台数 = $(22\times1.3)/6=4.8$（台），取 5 台

(3) 计算机械使用费

机械使用费 = 挖掘机使用费 + 拖拉机使用费 = $(150\times1+22\times5)\times3\times8=6240$（元）

(4) 计算人工费

25（元/工日）×6（工日/天）×（4 天）= 600（元）

(5) 关于管理费

该整治项目由村委会干部直接带领实施，不计管理费。

(6) 计算总成本

水塘整治挖土方总成本 = 6240 元 + 600 元 = 6840 元

(7) 计算单位成本

水塘整治挖土方单位成本 = $6840/480=14.25$（元/m^3）

管理-7 经验估价法估算单价

定义和目的：

凭估价人员多年的实践经验，经分析，主观估算各种人工、材

料、机械的数量。

现有的统一定额很难适应于村庄整治项目，另外，由于在施工中存在的偶然因素很多，很难用计算的方法直接计算人工、材料、机械的数量，根据已有经验、现场条件等因素，直接估算各种消耗量是一个可行且被广泛采用的方法，尤其是人工用量和机械使用量。

技术特点与适用情况：

这种方法的优点是简便易行、工作量小、速度快，但往往受估算人员经验丰富程度和判断能力的影响大，缺乏详细的分析和计算，准确性较差，容易出现偏高或偏低现象。适用于无相应参考定额，难以准确计算，占总造价比重小以及一些不常用的项目等一次性分项项目。采用这种方法，估价人员的实际经验直接决定了估价的正确程度。

技术的局限性：

估算值和实际成本差距有可能较大。不宜用于工程量较大或工程量虽小但对总造价影响较大的项目。

标准与做法：

总结个人或集体的实践经验，参考相关技术资料和现场情况，并考虑到设备、工具、材料、施工技术、时间安排等条件，直接估计出各种人工、材料、机械的总用量或单位用量。

估算时，要了解施工工艺，分析施工的生产技术组织条件和操作方法的繁简难易等情况，进行比较和讨论，尽量避免只靠个别人的经验作出估计。

受估算人员的经验和水平的局限，同一项目有时会提出几种不同的用量。在这种情况下可采用"三点估计法"估计消耗量的三个不同的值：最乐观的估计值、最可能的估计值、最悲观的估计值，然后用下式求他们的平均值：

$$消耗量平均值 = \frac{最乐观的估计值 + 4 \times 最可能的估计值 + 最悲观的估计值}{6}$$

【例】 在讨论某小型广场清理用工量，由村内有经验的人员估出了三个数据：最乐观的估计用6个工日，最可能的估计值用7个工

日,最悲观的估计用11个工日。则

完成清理的用工量平均值=(6+4×7+11)/6=7.5工日

3.4 人工、材料、机械台班(时)预算价格计算

管理-8 人工预算价格计算

定义和目的:

人工预算价格是指直接从事工程施工的人员每个工作班的工资和其他各项费用之和。也就是为使工人正常工作一个工作班所支付的全部费用之和。

技术特点与适用情况:

因地区、时间、劳动力市场供求关系不同人工预算价格有所不同。

人工预算价格是指使用人工时的预算价格,不是估算造价时的价格,当时间间隔较长及市场波动较大时,需要一定的预测能力。

技术的局限性:

受预测能力限制,当时间间隔长及市场波动较大时,估算的准确性有可能不够。

标准与做法:

人工预算价格分为两类:一是专业队伍施工时各工种工人的预算价格,二是村民投工投劳时以补助为主的人工预算价格。

1. 专业队伍施工工人的预算价格

人工预算价格一般有以下几项组成:

人工预算价格=基本工资+工资性补贴+辅助工资+劳动保护费

(1) 基本工资。指发放给工人的基本工资。

(2) 工资性补贴。指按一定标准所发的生活补贴、交通费补贴等。

(3) 辅助工资。是指生产工人没有从事施工生产而有要发工资

期间的工资,包括职工参加培训、劳动竞赛期间的工资,因气候影响的停工工资等。

(4) 劳动保护费。是指按规定标准发放的劳动保护用品的购置费、防暑降温费等。

技术等级不同,工人的人工预算价格也不同。工人的技术等级可分为:高级技工、普通技工、壮工。

当施工小组由不同技术级别的工人组成时,可计算综合人工单价。综合人工单价应按照各级别工人所占比例,用加权平均的方法计算:

综合人工单价=Σ(某级别工人的预算单价×该级别工人所占比例)

人工费计算公式是:

人工费=人工工日消耗量×综合人工单价

【例】 村内污水处理工程施工工人小组由16人组成。其中,高级技工3人,工资单价为80元/工日;普通技工8人,工资单价为60元/工日;壮工5人,工资单价为40元/工日。计算综合人工单价。

综合人工单价=(80×3+60×8+40×5)/16=57.5(元/工日)

2. 村民投工投劳以补为主的人工预算价格确定

村民投工投劳自行完成村庄整治项目时,人工预算价格不包括人工工资,但应考虑一定的生活补助费和劳动保护费用,具体数额根据工程的具体情况由村委会与村民协商确定。

管理-9 材料预算价格计算

定义和目的:

材料预算价格是指材料由交货地点运至工地后开始使用时的价格。各种材料从交货到现场使用要经过订货、采购、装卸、运输、包装、保管等过程,在这个过程中发生的一切费用,构成了材料的预算价格。

技术特点与适用情况:

材料预算价格是指使用材料时的预算价格。材料的市场价格往往波动较大,当估算造价与施工的时间间隔较长时,需要一定的预测能力。

技术的局限性：

当估算造价与施工的时间间隔较长、市场价格波动较大时，价格估算的风险比较大。

标准与做法：

材料分为消耗性材料和周转性材料。

材料预算价格最主要的组成部分是材料的市场价格。但在确定材料的预算价格时还应考虑材料的运杂费、运输损耗、损坏、被窃及材料供货差错的影响；考虑用于卸料和贮运过程中的附加费。对于某些材料，这些因素的影响可能会达到一个较高的比例。

材料预算价格一般由以下几部分组成：材料供应价（供应商的销售价格）；材料运杂费；运输损耗费；采购及保管费；检验试验费。

材料预算价格可按下式计算：

材料的预算价格＝（材料供应价＋运杂费）×（1＋运输损耗费％）
　　　　　　×（1＋采购保管费率％）＋材料检验试验费

式中各项费用只有在发生时才计取。比如，采购人员已与材料供应商约定好材料的供应价格为送到工地的价格，在这种情况下，就不存在材料的运杂费及运输损耗费。一般情况下，材料的采购保管费也可以省略。

当同一材料有多个供应商供货时，应根据用量计算加权平均价格。

【例】 一村庄整治工程需要某种地方材料300t，经调查有甲、乙两个供货地点，甲地出厂价格为35元/t，可供需要量的54%，甲地距施工地点20km；乙地出场价格38元/t，可供需要量的46%，乙地距施工现场28km。途中损耗率为5%。该地区汽车运输费0.2元/t·km，装卸费2.1元/t，采购保管费率按1%。该材料预算价格及总费用计算如下：

（1）材料供应价（多个来源地，用加权平均价格）

材料供应价＝35×54%＋38×46%＝36.38（元/t）

(2) 材料运费
1) 加权平均运距＝20×54％＋28×46％＝23.68(km)
2) 运输费＝23.68×0.2＋2.1＝6.836(元/t)
3) 运输损耗率＝(36.38＋6.836)×5％＝2.161(元/t)
4) 运输总费用＝6.836＋2.161＝9.00(元/t)
(3) 材料预算价格
材料预算价格＝(36.38＋9.00)×(1＋0.01)＝45.83(元/t)
(4) 材料费
　　　该种材料的材料费＝300×45.83＝13749(元)
周转性材料包括脚手价、钢模板等，现在多从租赁公司租赁使用。租赁费的计算方法如下：
周转性材料租赁费＝租赁单价(元/件·天)×租赁数量(件)
　　　×租赁天数(天)

管理-10　机械台班(时)预算价格计算

定义和目的：

机械台班(或台时)的预算价格是指为使机械正常工作一个工作班(或小时)所支出和分摊的费用之和。

技术特点与适用情况：

机械台班预算价格由两部分组成：第一部分为分摊的费用，也称为拥有成本，主要是折旧费、修理费等费用的分摊，属较为固定的一项费用；第二类为消耗的费用，也称运行成本，包括机上操作人员(如司机)的人工费、机械运行所需要的柴油、电等动力燃料费，这部分费用会随劳动力、电、柴油等的市场价格波动。

标准与做法：

机械台班预算价格分自有机械和租赁机械两种。

1. 自有机械预算价格计算

自有机械台班使用费由两部分组成：
　　　机械台班使用费＝分摊的费用＋消耗的费用
(1) 折旧费

折旧费是指施工机械在拟定使用期内回收原值并考虑资金时间

价值的台班摊销费,是分摊费用的主要组成部分。一般用下式计算:

$$台班折旧费 = \frac{机械的预算价格 \times (1-残值率) \times 时间价值系数}{年平均工作台班 \times 折旧年限}$$

1) 机械预算价格。由机械出厂年价格和从生产厂运至使用单位验收入库的全部费用组成。

2) 残值率。残值指机械使用后的残余价值。一般用占原值的比率来表示,残值率约为 $2\% \sim 5\%$。

3) 年平均工作台班。指机械平均每年使用的台班数。

4) 时间价值系数是指购置机械设备的资金在施工生产过程中随着时间的推移而产生的单位增值或贷款利息。其计算公式为:

$$时间价值系数 = 1 + \frac{1}{2}i(n+1)$$

式中　n——机械设备折旧年限;

　　　i——年折现率,按编制期限银行贷款利率确定。

(2) 机械安拆及场外运输费

安拆费是指机械在施工现场进行安装、拆卸所需的人工、材料、机械费、试运转费以及安装所需的辅助设施,如机械的基础、底座、固定锚桩等等搭设、拆除的折旧等费用。

场外运输费是指机械整体或分件自停放场地运至施工现场或由一个工地运至另一个工地的机械进出场运输及转移(机械的装卸、运输、辅助材料等)费用。

这两项费用都应以实际发生为准进行计算,由双方协商确定。

2. 租赁机械预算价格计算

租赁设备一般按台班或台时租赁费(元/台班、元/台时)来计算,按时间计费,不管使用还是闲置。见[管理-8]例1。

机上人工、动力燃料费一般均包括在租赁费中(但电动设备不包括电费)。大型的设备进出场费要单独计算。

机械设备租赁费计算式:

机械设备租赁费 = 台时单价(元/台时) × 租赁时间(h)
　　　　　　　＋机械进出场费

3.5 村庄整治其他费用的估算

3.5.1 规划设计费用的估算方法

目前没有统一的村庄整治规划设计的收费标准,可参照城镇规划收费标准,按规划区面积由双方协商确定收费办法。应考虑规划设计的范围、设计深度、成果要求。

3.5.2 旧有设施拆迁补偿费估算方法

旧有设施拆迁补偿费应在充分尊重村民权益和合理的基础上加以确定。可根据各省(自治区、直辖市)的补偿标准计算。

表 3-7 为山东省泰安市征地地面附着物和青苗补偿标准(节选)。

山东省泰安市征地地面附着物和青苗补偿标准
(鲁政办发 [2007] 52 号,节选) 表 3-7

序号	名称	类别规格	补偿标准	备注
1	房屋	乱石基、砖石墙、钢筋混凝土预制或现浇平屋顶	260～350 元/m²	1. 表中面积系指建筑物面积; 2. 旧料归原主; 3. 房屋补偿费用指旧料损失、拆建人工费用
		乱石基、砖石墙、木结构斜坡草或瓦屋顶	200～280 元/m²	
		乱石基、砖垛、坯墙、木结构斜坡草或瓦屋顶	160～200 元/m²	
		乱石基、土坯墙、木结构斜坡草或瓦屋顶	120～160 元/m²	
		砖垛、苇箔、草顶简易平房	60～100 元/m²	
		住宅楼	500～600 元/m²	
		办公楼	600～700 元/m²	
2	围墙	乱石基砖墙高 2.5m 以上	80～100 元/m	旧料归原主
		乱石基砖墙高 2～2.5m	70～90 元/m	
		乱石基砖墙高 1.5～2m	60～70 元/m	
		乱石基土坯墙高 1.5～2m	40～50 元/m	
		一般	40～65 元/m²	

续表

序号	名称	类别规格	补偿标准	备注
6	厕所	砖(石)砌有顶	50~260 元/m²	户外简易厕所 20 元/个
		砖(石)砌无顶	30~180 元/m²	
7	大门	与配房一体楼板顶砖混	200~260 元/m²	旧料归原主
		与配房一体檩条、苇箔顶砖混结构	160~200 元/m²	
		独立门楼(砖墙)	100~150 元/m²	
		独立门楼(土墙)	50~100 元/m²	
8	畜禽舍	砖混结构	80~150 元/m²	粪坑(化粪池)另计补偿
		简易结构	40~70 元/m²	
9	灶台	室外、独立	50 元/个	
10	煤池化粪池	砖(石)砌	200 元/m³	按容积计算
12	水井	手压井	10~20 元/m	1. 包括开凿工程、用料及用工等；2. 废、枯井按 30%~50%补偿；3. 机井按井深分段计算
		土井：直径 1.2m 以上	80~130 元/m	
		砖井(包括乱石井)深 5~10m 直径 1.5m 深 10~20m 直径 2.5m	2500~4000 元/口 4000~5800 元/口	
17	地面	水泥地面	10~15 元/m²	
		花砖	20~30 元/m²	
20	电杆	低压、通信广播线路水泥杆	1000~1300 元/根	包括电线等材料损失及拆建工费，地下电缆补偿另议
		标准木质电杆	70 元/根	
		简易电杆	20 元/根	
22	果树	苗木	移栽费 2~4 元/棵	果树包括：苹果、梨、杏、核桃、樱桃、柿、枣等树种，栽植密度为 55~110 棵/亩，树归原主
		幼龄期(区分树种)	30~50 元/棵	
		初果期(区分树种)	200~300 元/棵	
		盛果期(区分树种)	300~500 元/棵	
		衰老期(区分树种)	260~100 元/棵	
28	花卉类	单棵	0.5~5 元/棵	
33	小桥	钢筋混凝土矩形板桥	1100~1400 元/m²	按桥面积计算
		平坦石拱桥	900~1200 元/m²	
		石拱桥	1600~2000 元/m²	

续表

序号	名称	类别规格	补偿标准	备注
36	道路	沥青硬化	40～60元/m²	
		水泥硬化	50～65元/m²	
		其他硬化	15～25元/m²	
37	绿化树（二次育苗）	一年生(3cm以下)	1～2元/棵	法桐、合欢等类似树木，树归原主
		二年生(3cm以下)	2～4元/棵	
		三年生(3cm以下)	3～7元/棵	
		3～4cm	8～12元/棵	
		4～5cm	12～16元/棵	
		5～6cm	14～18元/棵	
		6cm以上	23～28元/棵	

注：1. 青苗补偿标准，按被征用土地一季作物的产值计算。
2. 表中未列出的地面附着物，参照表中相近情况补偿。不能参照可的，报市物价局另行确定补偿标准。在补偿标准幅度以内，征地和被征地双方对具体补偿标准有争议的，由有价格鉴定资质的中介机构评估。
3. 城市规划区内国有土地上的房屋拆迁改造，按国务院《城市房屋拆迁管理条例》和《山东省城市房屋拆迁管理办法》等规定执行；城市规划区内集体土地上的房屋拆迁，按有关规定执行，搬迁压煤建筑物在省新的规定未出台前，仍按鲁政发[1999] 24号文件执行。

3.5.3 融资与管理费估算方法

融资即是新农村建设所需资金的筹集的行为与过程。也就是村庄根据自身的生产经营状况、资金拥有的状况，以及未来经营发展的需要，通过科学的预测和决策，采用一定的方式，从一定的渠道向村庄整治的投资者和债权人去筹集资金，组织资金的供应，以保证村庄整治需要，经营管理活动需要的理财行为。村庄筹集资金的动机应该遵循一定的原则，通过一定的渠道和一定的方式去进行。

4 资金来源与立项申报

4.1 村庄整治的资金来源

4.1.1 多渠道征集村庄整治资金

村庄整治涉及面广,任务量大,需要大量的资金支持。据预测,仅农村公共基础设施建设的资金投入就需要 4 万亿元,到 2020 年平均每年需要 2700 亿元。因此,多渠道筹集资金是村庄整治工作的重要内容。

目前,我国新农村建设资金来源已基本上形成了来源渠道多样化的特征,构成了以国家扶持、金融部门支持、农民自筹为主的三级来源体系。

(1) 政府财政资金是新农村基础设施建设投入的主体;
(2) 依靠农民和金融资本直接为新农村建设注入资金;
(3) 动员社会资金参与新农村建设。

具体的资金来源可总结为图 4-1 所示的几个渠道。近年来,国

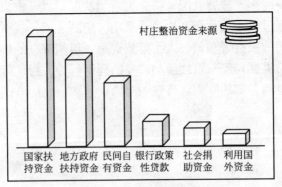

图 4-1 村庄整治的资金来源

家加大了农村村庄整治扶持资金的力度,国家和地方政府扶持是村庄整治最主要的资金来源。

4.1.2 国家扶持资金

这是村庄整治项目主要的资金来源之一,随着近年来我国公共财政增量重点向农村倾斜。财政部门将按照多予、少取、放活的方针,让农民更多地享受发展和改革所取得的成果。财政部将建立一个财政支农资金稳定增长的机制。通过调整财政支出的存量,同时把增量重点向农村倾斜,不断地加大对农村和农业的投入。使建设社会主义新农村有一个稳定的资金来源。

国家的扶持资金一般针对村庄整治中突出存在的问题,以专项资金的形式支持专项整治工作。中央资金一般要求有不同比例的地方配套资金,凡不能落实地方配套资金的,中央补助就不予安排。

国家用于农村基础设施建设的扶持资金主要包括村村通公路建设补助、沼气池建设补助、农村改水、改厕工程补助,农村危房改造及棚户区改造投入和农村小学改造建设等。

国家财政资金一般通过相关部委负责管理(见图 4-2)。

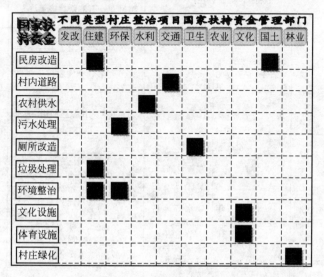

图 4-2 不同类型村庄整治项目国家扶持资金管理部门

目前几个重要的国家扶持专项资金及支持重点见表4-1。

几个重要的国家扶持专项资金及支持重点　　　　表4-1

序号	资金名称	支持额度	支持地区与支持项目	受益面	管理部门
1	农村危房改造试点补助资金	2009年40亿	河北、山西、内蒙古、辽宁、吉林、黑龙江、陕西、甘肃、青海、宁夏、新疆	2009年中央投资，涉及中西部地区950个县，1.5万户农房建筑节能示范项目。中央补助标准为每户平均5000元	住房和城乡建设部 发展改革委 财政部
2	农村环保专项基金	2008年5亿，2009年10亿	重点支持位于水污染防治重点流域、区域以及国家扶贫开发工作重点县范围内、群众反映强烈、环境问题突出的村庄	2008年：支持700个村镇 2009年：10亿元中，约9.2亿元用以支持1200多个环境问题突出的村庄开展环境综合整治。其中，近70%的村庄位于水污染防治重点流域和国家扶贫开发工作重点县范围内；约0.8亿元用以支持170多个全国环境优美乡镇、国家级生态村开展生态示范建设，将有超过900万群众直接受益	环境保护部 财政部 发展改革委
3	沼气池建设补助	2003～2007年累计80亿；2008年20亿；2009年100亿		2003～2007年，在7.3万个村建设823万户沼气。至2006年底，全国农村沼气已达2200万户。 2009年，每年解决400万到600万农民家庭使用沼气	农业部 发展改革委
4	农村饮水工程补助	1998～2010年总投资1000亿	重点解决高氟、高砷、苦咸水、污染水和严重缺水等地区饮水安全，力争2020年全国农村人口全部喝上放心水	2000～2008年，全国共投入618亿元，解决了1.6亿农村人口的饮水困难和安全问题。仅在2008年，全国解决了4824万人饮水问题。2009年将解决6000万以上农村人口饮水安全问题	财政部 水利部

续表

序号	资金名称	支持额度	支持地区与支持项目	受益面	管理部门
5	农村电力村村通工程	1998~2010年第一批投入1893亿第二批1000亿	全国范围内无电行政村	第一批工程已经覆盖全国所有2400多个县,使1380万无电人口用上了电,全国农村低压线损率从改造前的20%~30%降到了12%以下。全国50%以上的县实现了县内居民生活用电同价。预计2009年年底基本完成农村电网改造任务	国家电网公司
6	农村广播电视"村村通"工程补助	1998~2010年投入200亿以上	全国71.66万个20户以上已通电自然村	"十一五"期间,全国要完成71.66万个20户以上已通电自然村覆盖任务,共需投资108亿。国家发改委将分年度安排34亿建设补助	信息产业部

农村环保专项资金于2008年设立。今年年初,国务院办公厅转发了环境保护部、财政部、发展改革委《关于实行"以奖促治"加快解决突出的农村环境问题实施方案》,对"以奖促治"政策进行了全面部署。2009年中央投入10亿元专项资金按照"突出重点、注重实效、公开透明、专款专用、强化监管"的原则,重点支持位于水污染防治重点流域、区域以及国家扶贫开发工作重点县范围内,群众反映强烈、环境问题突出的村庄。资金总额较2008年增长1倍(见图4-3)。2009年将有1200多个环境问题突出的村庄得到治理,170多个生态示范创建村镇得到奖励,900万群众直接受益。

我国农村危房问题严重。初步估算,我国需要进行农村危房改造的总规模在15亿 m² 左右,而实

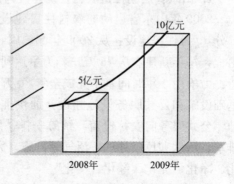

图4-3 农村环保专项基金的增长

施大规模农村房屋建设和危房改造，需投资 8700 亿元。根据《财政部、国家发展改革委、住房和城乡建设部关于下达 2009 年扩大农村危房改造试点补助资金的通知》，今年扩大农村危房改造试点的中央投资规模为 40 亿元，任务是完成陆地边境县、西部地区民族自治地方的县、国家扶贫开发工作重点县、贵州省全部县和新疆生产建设兵团边境一线团场约 80 万农村贫困户的危房改造，并要求改造工作结合建筑节能示范一起进行。其中，东北、西北和华北等地区试点范围内 1.5 万农户，涉及中西部地区 950 个县(将近全国县市总数的 1/2)，中央补助标准为每户平均 5000 元，对东北、西北和华北地区试点范围内农村危房改造建筑节能示范户每户再增 2000 元。

目前，由于不同来源的专项资金之间缺乏协调，没有一个统一的规划，不能形成合力。而村庄整治工作是一个系统工程和不可分割的整体，因此，各级地方政府应努力建立统一的协调机制，尽量整合不同来源的专项基金，创新投资机制，提高资金利用率，保证资金使用统一有序，发挥最大作用。

4.1.3 地方政府扶持资金

这也是村庄整治项目主要的资金来源之一。目前，我国很多地方政府都建立了村庄整治专项扶持资金支持村庄整治和农村人居环境建设。

1. 山东省启动推进农村住房建设与危房改造计划[6]

2009 年山东省启动的农村住房建设和危房改造计划包括三个部分：(1)住房建设：从 2009 年起，用 3 年时间实施农村新居建设工程，每年新建农房 75 万户，力争达到 100 万户；(2)农村危房改造：力争用 5 年时间基本完成全省 80 万户农村危房改造；(3)农村基础设施和公共服务设施建设：加快推进城市基础设施向农村延伸、公共服务向农村覆盖，统筹安排、配套建设村庄道路、供水、排水、污水和垃圾处理、沼气等设施，力争 5 年基本实现村庄"硬化、净化、亮化、绿化、美化"。

该计划的资金来源包括：(1)各级政府设立专项资金，对农村住房建设和危房改造给予支持；(2)安排土地出让收益统筹用于农村住房建设和危房改造；(3)对实行城乡建设用地增减挂钩试点形成的土地增值收益，除国家规定用途外，其余部分可全部用于农村住房建设和危房改造。

为推动工作的展开，山东省政府成立了由省政府有关领导同志担任组长的山东省农村住房建设与危房改造工作领导小组，省建设、发展改革、财政、国土资源等相关部门负责人为成员。各市、县(市、区)也要建立相应的工作机制，制定相关政策，把任务层层落实。

2. 泰州市市区村庄河塘疏浚整治工程市级补助资金

泰州市市区村庄河塘疏浚整治工程市级补助资金的使用管理方法如下[7]。

泰州市市区村庄河塘疏浚整治工程市级补助资金使用管理办法

第一条 为推进市区村庄河塘疏浚整治(以下简称庄河整治)工作，努力改善市区农村水环境，服务社会主义新农村建设，市财政安排专项资金用于补助市区庄河整治工程。

第二条 市级补助资金专项用于各区年度庄河整治工程，对庄河整治整村推进验收合格村实行先建后补，以奖代补。

第三条 各区必须在每年10月份由区水利、财政部门联合上报当年庄河整治计划(计划表附后)和各村实施方案，方案主要包括工程内容、工程措施、资金筹措、工期、实施效果、庄河工程平面图等。市财政局、水利局对各区上报的庄河整治计划进行联合审查批复。

第四条 各区对经市级批准实施的庄河整治工程组织竣工验收，在自验全部合格的基础上，申请市级复验。

第五条 市财政局、水利局根据各区申请情况，组织对各区庄河整治工程进行逐村复验，复验依照《泰州市市区村庄河塘疏浚整治工程建设管理办法》(泰财农[2007]16号、泰政水[2007]29号)评分，对合格(80-85分)、达标(86-95分)、示范(96分以上)进行分档奖励，原则上每个村市级奖励资金不超过8万元。

第六条 市级补助资金使用范围为庄河整治中土方工程，包括排水费、机械施工费等。市财政、水利部门每年将对市级补助资金使用情况进行抽查，如有违规将收回全部补助资金，并追究相关责任。

第七条 本办法由市财政局、水利局负责解释。

第八条 本办法自2007年11月1日起执行。

3. 鄂州市财政投入

主要有新农村建设试点补助、"清洁乡村，美化家园"工作专项资金、农村泵站、塘堰改造等基础水利设施建设等。

4.1.4 民间自有资金

1. 村集体和农民的自筹资金

这也是村庄整治项目资金来源之一，但是在经济欠发达的地区，由于村集体和农民经济实力有限要求其自筹资金进行村庄整治的议案难以被认可，而制度外集资会加重农民负担，为政策所不允许。

2. 私人资本

引入私人资本是弥补村庄整治项目资金短缺的重要手段。我国资本市场并不缺乏资金，可以利用股份制或者股份合作制方式使民间资本转化为投资资金进入村庄整治项目领域。对于村庄整治项目中投资额较大、周期长、利润率较高且收益稳定的项目，如农村电网改造、供水、通信、电视信号接转等可以借鉴资产证券化，通过发行项目建设债券，为村庄整治募集充足的资金。还可以发行村庄整治项目彩票，来扩大资金来源。实践证明，发行彩票是一种"公益事业社会办"的好办法。

4.1.5 银行政策性贷款

政策性银行贷款由各政策性银行在人民银行确定的年度贷款总规模内，根据申请贷款的项目或企业情况按照相关规定自主审核、确定贷与不贷。政策性贷款是目前我国政策性银行的主要资产业务。一方面，它具有指导性、非盈利性和优惠性等特殊性，在贷款规模、期限、利率等方面提供优惠；另一方面，它明显有别于可以无偿占用的财政拨款，而是以偿还为条件，与其他银行贷款一样具有相同的金融属性—偿还性。

一般来说，政策性银行贷款利率较低、期限较长，有特定的服务对象，其放贷支持的主要是商业性银行在初始阶段不愿意进入或涉及不到的领域。例如，国家开发银行服务于国民经济发展的能源、交通等"瓶颈"行业和国家需要优先扶持领域,包括西部大开发、振兴东北老工业基地等,这些领域的贷款量占其总量的91%。进出口银行则致力于扩大机电产品和高新技术产品出口以及支持对外承包工程和境外投资项目。农发行主要承担国家政策性农村金融业务,代理财政性支农资金拨付,专司粮棉油收购、调销、储备贷款业务等。

对于大部分创业者来说,银行贷款是最为传统的筹款方式。

政策性银行贷款存在的问题:缺乏长期稳定、低息的资金来源;不良贷款比例居高,贷款潜在损失威胁巨大。

4.1.6 利用国外资金

新农村建设需要大量的资金投入,尤其是农村基础设施建设项目的投资。要想改变我国农村基础设施建设资金短缺的状况,除了有效利用国内的资金外,还要充分利用外资。

一般来讲,新农村建设获得外资的一般程序是地方先报到国家财政立项,然后进行相关程序的办理。地方上的外资需求,如果能够列入国家滚动计划,国家就将这些计划报到国际金融组织进行谈判,如世界银行、亚太银行等。假如这些计划恰好符合对方的兴趣,就可以进入项目程序,也就是说就可以获得外资贷款或援助立项。

我国利用外资规模在发展中国家已居第一位。

4.1.7 社会捐助资金

社会捐助资金来源于社会各行各业及各界人士自愿、无偿的捐赠,主要用于救灾济困、救死扶伤。

4.2 项目配置与融资方式

4.2.1 村庄整治项目配置

所谓项目配置是指一个村庄整治项目,应包含的村庄整治内容,见图4-4。在1.1节已经提到,项目是指具有特定目标的一次性活动,村庄整治项目属于建设工程项目的范畴,而建设工程项目的定义是在一个总体设计下,在一个或几个场地上同时进行的各个单项工程的总和。因此,村庄整治项目具有以下特性:

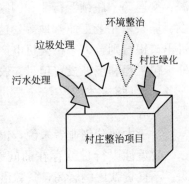

图4-4 村庄整治项目配置

(1) 在一个总体计划下同时开展,但不在同一地点以及类型不同的整治内容可作为一个项目,项目的内容可多可少;

(2) 同一项目的所有整治内容必须统一组织实施、统一管理、统一配置资源;

(3) 同一项目必须统一编制资金计划,统一进行独立的资金核算。

村庄整治项目配置的原则:

(1) 对于利用自有资金或自行融资的村庄整治项目,原则上可根据资金数量和村民意愿,任意确定项目的组成内容,但项目设置要便于实施和管理,规模要适度。项目的范围也不能超过投资主体的经济承担能力。

(2) 对于全部或部分使用国家专项基金的项目,必须严格按照基金支持的范围确定项目的内容,并按要求组织项目的申报。

为体现规模效应和示范效应,充分发挥专项资金的引导作用,如农村环保专项资金,鼓励存在同一类环境污染问题的连片村庄申报农村环境综合整治项目进行综合治理,鼓励建设多个村庄同时受益的集中环境污染治理设施,鼓励借助城市、城镇公共环保设施提高环境综合整治效果。

(3) 对于地方政府资助的项目,如资金的使用方式与要求与国家专项基金相同,则应按使用国家专项基金相同的方式确定项目配置。如地方政府资助为"以奖代补"的形式拨付,则补助资金要等到整治项目完成验收后才能拨付,项目建设期仍需使用自有资金,因此,可按利用自有资金的村庄整治项目确定项目配置,即专项资助内容与非专项资助内容可放在同一个项目内，但必须按专项基金的要求，进行相关内容的实施与管理。

表 4-2 为村庄整治项目配置表，在村庄整治项目的内容确定后填写。

农村建设村庄整治项目配置表　　　　　表 4-2

项目编号	项目	项目内容	该项目是否选择	技术措施	用工量（人力和材料）	技术措施说明	备注
A 类	公共服务及基础设施网络						由中央财政及各级政府投资建设
B-1	村庄（集镇）至中心村道路（外部道路）	道路宽度					
		道路材料					
		村外停车场地					
B-2	村庄内部的主要道路硬化	道路宽度					
		道路材料					
		村内停车场地					
B-3	村庄供水设施建设	饮用水水源改造					
		给水管网新建或改造					
B-4	村庄内部房屋周围的排水沟渠建设	雨水收集设施					
		与道路结合的沟渠设计					
		污水处理					
B-5	村庄厕所建设（生态化厕所）	公共厕所选址					
		公共厕所土建施工					
		公共厕所卫生维护					
		粪便无害化处理					
B-6	集中畜禽舍圈建设（人畜分离）	土建施工					
B-7	集中沼气池建设	沼气处理设施					
		土建施工					

续表

项目编号	项目	项目内容	该项目是否选择	技术措施	用工量(人力和材料)	技术措施说明	备注
B-8	村庄垃圾收集设施建设	垃圾收集点建设					
		垃圾收集车辆及转运站(点)					
		垃圾堆肥或厌氧消化设施					
B-9	村容村貌整治	村民住宅外墙面粉刷					
		村民住宅院落围墙整治					
		村落道路两侧绿化					
		村落道路两侧座椅					
		村落内标志和标牌					
		灯具布置					
		村落出入口景观改造					
B-10	村庄集中场院建设	场地平整					
		场地铺装					
		场地设施(座椅、宣传栏等)					
B-11	村民活动室建设	土建施工					
		室内设施建设					
B-12	村庄公用水塘建设	土方施工					
C类	六小工程、安居工程、新型建材及能源应用、信息化工程						政府资金引导,农户自主参与、利益到户
合计							

4.2.2 融资方式

村庄整治项目涵盖面广,这些设施和服务,有些属于纯公共物品和公共服务的范畴,有些属于俱乐部物品和服务,有些属于私人物品的领域。这个特点决定了村庄整治项目的多元化投资特征,即国家(包括中央政府和地方政府)、集体(村)、农民个人都应为村庄整治项目支付资金。三者投入比例由各地的经济发展水平、财政能力而定。

融资方式是指获取资金的形式、手段、途径和渠道。不同类型的村庄整治项目应采用不同的融资方式,见表4-3。

不同经济属性的村庄整治项目的融资方式　　表4-3

序号	项目类型	举例	主要融资方式
1	纯公共物品和服务的项目	农村公共道路,健身设施等	应由政府投资新建;也可采用建设-移交模式融资模式,由私营企业先进行投资建设,建成后由政府分期偿还成本和利润
2	准公共物品和服务的项目	农村安全饮水,电力电信等	可以采用BOT融资模式建设经营,即政府特许,利用私人投资满足村庄整治需要,私营投资者通过获得合理收益收回投资
3	俱乐部物品和服务的项目	如村庄街道硬化,环境治理,垃圾处理,给水排水设施等	此类属于俱乐部物品的设施和服务可采用PFI融资模式建设,由一个或多个私人投资者组建SPC公司,进行项目的设计、建造、融资和运营,产出产品或提供服务,并依据与政府部门的协议收取费用
4	纯私人物品领域的整治项目	如村民房屋建设,改厕等	由村民自己筹资,政府可采用一定的财政补贴等激励方法

部分地区村庄整治项目的融资方式　　　　表 4-4

	村庄整治内容	融资方式
江西省新余市渝水区欧里镇	新农村建设试点	财政资金扶持（省 480 万元、市 330 万元、区 240 万元配套资金，其他资金由各乡镇、村委会自筹。）
浙江省绍兴市新乡县	综合整治（硬化道路、拆除粪坑、建生态公厕、户厕改造、拆除危房、建垃圾房、建生活污水处理池）	1. 通过土地融资、市场运作，解决资金投入；2. 通过异地物业、股份合作；3. 通过政府主导、企业参与，提供农村金融担保
湖南省长沙市长沙县	环境综合整治	通过市场融资，按照"村民出资、政府补贴、公司融资、银行按揭、争取上级支持"的模式
重庆市巫山县	综合整治	采取"公司+农户"和多户联保贷款方式解决农户贷款问题
陕西省商洛市商南县	综合整治：道路硬化，垃圾处理，户厕改造，人畜分离	"政府投入为主导、农民投入为主体、部门帮扶为辅助、社会资本为补充"的多元投资融资体系
江西省吉安市吉水县	农村公路、田园化、"五通一气"工程，"三清三改"	财政投一点，涉农资金捆绑使用倾斜一点、帮扶单位助一点、受益群众集一点、社会各界捐一点、政策优惠减一点

1.【例 1】

2008 年，陕西省商洛市商南县在村庄综合整治中提出了"政府投入为主导、农民投入为主体、部门帮扶为辅助、社会资本为补充"的多元投资融资体系，2008～2009 年，全县累计投入资金 6660.82 万元。具体做法是：

（1）抓住国家用足用活扶持"三农"政策的机遇，争取到省市财政投入 1493.28 万元，确保了上级财政支农专项资金取得较大幅度增长。

（2）按照"资金跟着项目走、项目围绕新村转"和"渠道不乱、用途不变、集中办事"的原则，捆绑县财政、扶贫、国土、水保、民政、计划、金丝峡管委会等帮扶部门及林业、组织等帮建单位项目资金1750.6万元，使有限项目资金发挥出集聚效应。

（3）按照"谁投资、谁受益"的原则，通过"一事一议"方式发动农民群众筹资2077.34万元、投工4.2万个，农民主体作用得到充分发挥。

（4）金融机构贷款273.1万元，社会投资217万元。构建支农信贷投入机制，不断加大信贷支农力度，县农村信用社、农行、农发行等金融机构全年累计向重点示范村投放贷款273.1万元，支农信贷资金同比增长20%。

（5）盘活优势资源，通过优化环境招商引资，鼓励企业、个人在农村投资发展一村一品，兴办龙头企业和社会事业，去年共引进各类社会资本217万元。不同渠道资金使用比例见图4-5。

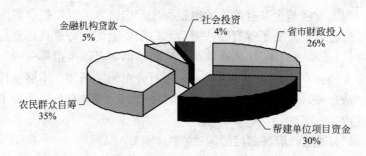

图4-5　陕西省商洛市商南县不同渠道资金使用比例

2.【例2】

山东省东平县是山东省30个贫困县之一，建设资金缺口大。该县在农村饮水安全工程建设中积极吸收非公有资金的投入，通过吸引农村大户投资、群众集资、股份合作、供水设施整体拍卖等模式，开展村村通自来水工程建设。通过三年的实施，全县投资7971.55万元。新增受益村庄465个，受益人口40.9万人，自来水普及率达到90%以上。图4-6为该县村村通自来水工程各类资金使用比例。

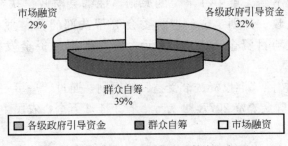

图 4-6 东平县农村供水项目筹资比例图

4.3 政府扶持资金申报

4.3.1 国家专项基金申报的一般程序与文件组成

1. 一般程序

国家专项基金都有严格的申报程序和申报要求。要想争取国家专项资金，首先要了解有哪些资金和每项资金的支持重点，然后判断本村(或本镇、本县)所面临的村庄政治问题可以申报哪一项国家资金支持，有什么具体的规定，是否符合申请的条件，不够条件怎样创造条件，申请需要什么材料和程序等等。通常有几种途径了解上述内容：

(1) 通过政府各部门的网站；

(2) 通过直接到政府有关主管部门与有关人员交谈；

(3) 通过行业协会，以及协会兴办的一些活动和讲座；

(4) 通过专家、专业人士以及中介机构。

同时，由于各项资金在一个行政区内只能支持有限数量的项目，因此，还应考虑申报项目在本市(县、乡、镇)内是否典型、有竞争力。

在确定要申请某项基金后，认真研究该基金的申报要求，按照规定的程序收集整理相关资料、证明材料，填写相关表格、编写申请文件。申请文件一定要把所面临的问题讲清楚，整治目标要明确，把项目的内在价值尽可能地反映出来。

申请文件一般要逐级上报，由上级主管部门审核，最后报送国家主管部委。主管部委在所有申请材料收集后，聘请评审专家评审，根据专家评审意见，结合当年基金支持额度，确定支持项目。

国家专项基金申请的一般程序如图 4-7 所示。

图 4-7　国家专项基金的的申请程序

2. 文件组成

国家专项基金的申请材料一般包括：申请报告或申请表、可行性研究报告、环境影响评价、地方政府配套资金证明、其他证明（如土地证明）。

3. 可行性研究报告

项目可行性报告编写要点：

（1）基本情况

1）项目单位基本情况：单位名称、地址及邮编、联系电话、法人代表姓名、人员、资产规模、财务收支等情况。

2）可行性研究报告编制单位的基本情况：单位名称、地址及邮编、联系电话、法人代表姓名、资质等级等。

3）合作单位的基本情况：单位名称、地址及邮编、联系电话、法人代表姓名等。

4）项目负责人基本情况：姓名、职务、职称、专业、联系电话、与项目相关的主要业绩。

5）项目基本情况：项目名称、项目类型、项目属性、主要工作内容、预期总目标及阶段性目标情况；主要预期经济效益或社会效益指标；项目总投入情况（包括人、财、物等方面）。

（2）必要性与可行性

1）项目背景情况。项目受益范围分析；地区需求分析；项目单位需求分析；项目是否符合国家政策，是否属于国家政策优先支持的领域和范围。

2）项目实施的必要性。项目实施对促进经济社会发展或其他工作任务的意义与作用。

3）项目实施的可行性。项目的主要工作思路与设想；项目预算的合理性及可靠性分析；项目预期社会效益与经济效益分析；与同类项目的对比分析；项目预期效益的持久性分析。

4）项目风险与不确定性。项目实施存在的主要风险与不确定分析；对风险的应对措施分析。

（3）实施条件

1）人员条件。项目负责人的组织管理能力；项目主要参加人员的姓名、职务、职称、专业、对项目的熟悉情况。

2）资金条件。项目资金投入总额及投入计划；对财政预算资金的需求额；其他渠道资金的来源及其落实情况。

3）基础条件。项目单位及合作单位完成项目已经具备的基础条件(重点说明项目单位及合作单位具备的设施条件，需要增加的关键设施)。

4）其他相关条件。

（4）进度与计划安排

（5）主要结论

4. 环境影响评价

根据国家环境保护总局"分类管理名录"（见国家环境保护总局环发［2001］17号文）对建设项目确定其应编制环境影响报告书、报告表或登记表的种类。

（1）编写环境影响报告书的项目：新建或扩建工程对环境可能造成重大的不利影响，这些影响可能是敏感的、不可逆的、综合的或以往未有过的。

（2）编写环境影响报告表的项目：新建或扩建工程对环境可能造成有限的不利影响，这些影响是较小的或者减缓影响的补救措施是很容易找到的，通过规定控制或补救措施可以减缓对环境的影响。

（3）编写环境影响登记表的项目：对环境不产生不利影响或影响极小的建设项目。

5. 配套资金证明

包括：

（1）县级以上财政部门出具的配套资金承诺函；

（2）银行贷款承诺文件；

（3）自筹资金证明、承诺文件等。

4.3.2 几个国家专项基金的申报方法

1. 中央农村环保专项资金

（1）申报程序

申请专项资金的村庄，由所在乡镇提出申请，县（区、市）级人民政府申报，经地（市）级环保和财政部门审核，由省级环保和财政部门审查汇总，联合报送环境保护部和财政部。

（2）申报资料

按装订顺序依次为：正式申请文件；《中央农村环保专项资金申请汇总表》；环境综合整治项目专家论证意见；《中央农村环保专项资金环境综合整治项目申请报告》；地方政府配套资金承诺函；相关证明材料。

2. 农村饮水安全工程

（1）申报程序

1) 各个乡镇政府在调查的基础上，配合县水利部门搞好农村饮水安全问题调查；

2) 县水利部门、发展改革部门联合编制饮水安全规划；

3) 县发改部门和县水利部门根据批准的规划编制投资建议计划；

4) 市发改、水利部门按单项工程或打捆编制可研报告并上报省；

5) 省发改部门批复可研报告；

6) 省市发改部门和水利部门联合行文上报本省市的投资建设

计划；

7) 国家发改委下达投资计划；

8) 县水利发改部门根据下达的投资计划联合编制实施方案；

9) 批准实施。

(2) 申报资料

农村饮水安全工程项目资金申请书；农村饮水安全工程项目可行性研究报告；环境影响报告书；受益行政村、镇(办事处)自筹资金承诺书；土地证明。

3. 农村沼气建设

(1) 申报程序

此工程为四项建设内容：农村户田沼气工程、规模化养殖场大中型沼气工程、工程支撑及服务体系建设。

1) 由乡镇政府根据群众要求向发改委、农业局申请；

2) 以县为单位编拟可行性研究报告，由县发改委、农业部门联合行文层层上报到省发改委、农业部门；

3) 省发该部门征求农业部门意见批复可研报告；

4) 省发改、农业部门向国家发改委、农业部门申请投资。

(2) 申报资料

1) 联合行文上报文件。项目由盟市发展改革部门和农牧业局联合行文上报，并对上报的项目旗县、企业进行明确排序；

2) 农村沼气项目建设资金申报表；

3) 可行性研究报告；

4) 配套资金证明。包括配套建设资金和工作经费承诺函、银行贷款承诺文件、自筹资金证明、承诺文件等。

4. 农村公路建设

(1) 申报程序

1) 村所在乡镇向县(市)发改、交通部门申请；

2) 县(市)发改、交通部门在调查的基础上，根据本辖区农村公路改造规划层层上报，年度投资建设计划；

3) 省(市)发改和交通部门编制本省市的农村公路改造工程的五年计划；

4）市（县）发改部门和交通部门组织委托具有一定资质的工程咨询单位编制项目可行性研究报告并上报省（市）；

5）省（市）发改部门征求交通部门的意见后，上报国家发改委审批；

6）国家发改委下达年度投资计划。

(2) 申报资料

1）农村公路建设项目资金申请报告；

2）可行性研究报告；

3）环境影响评价报告；

4）配套资金证明。包括配套建设资金和工作经费承诺函、银行贷款承诺文件、自筹资金证明、承诺文件等；

5）其他证明。

5. 中西部农村电网完善工程

(1) 申报程序

1）村所在乡镇向县（市）申请；

2）县、市编制农网完善"十一五"规划，并编拟项目可研报告；

3）省发改委批复可研报告；

4）每年七月省（市）发改委将下一年度的投资建议计划上报国家发改委。

(2) 申报资料

1）农村电网完善工程资金申请报告；

2）可行性研究报告；

3）环境影响评价报告；

4）配套资金证明。包括配套建设资金和工作经费承诺函、银行贷款承诺文件、自筹资金证明、承诺文件等；

5）其他证明。

6. 异地扶贫搬迁试点工程

(1) 申请程序

1）县发改部门编制扶贫搬迁计划；

2）依据规划建立项目库，做好项目储备上报；

3) 县依据规划因地制宜编制实施方案上报；

4) 省级发该部门依据各地上报的项目向国家发改部门提出年度安排的建议计划；

5) 国家发改委下达投资计划后，县级发该部门负责组织实施。

（2）申请资料

1) 异地扶贫搬迁试点工程资金申请报告；

2) 可行性研究报告；

3) 环境影响评价报告；

4) 配套资金证明。包括配套建设资金和工作经费承诺函，银行贷款承诺文件，自筹资金证明、承诺文件等；

5) 其他证明。

4.3.3 地方政府专项资金的申请

各级地方政府支持村庄整治的资金涉及面广，申请方法要求也很不一致，应参考国家资金的申请的有关内容，按照各种地方资金的资助范围和申请的具体条件要求，进行申报。下面举一个案例。

案例：安徽省农村危房改造试点项目

根据住房和城乡建设部、国家发展和改革委员会、财政部联合下发的《关于 2009 年扩大农村危房改造试点的指导意见》（建村［2009］84 号）精神，制定了安徽省农村危房改造试点办法。农村危房改造资金的筹集以农户自筹为主，各级财政补助为辅，多渠道筹集改造资金。2009 年省以上按每户 5000 元的标准对农村危房改造进行补助。

申报程序：

按照公开、公正、公平的原则，危房改造对象和补助标准的审核、审批程序，实行户主申请、村委会评议、乡镇审核、县（区）审批、市级备案。符合农村危房改造条件的家庭，由户主自愿向所在村委会提出书面申请，填写《安徽省农村危房改造试点户申请表》，见表 4-5。

村委会评议、乡（镇）政府审核、县（区）政府审批程序由县（区）人民政府制定。

安徽省农村危房改造试点户申请表

表 4-5

县(区)名称：

户主姓名		身份证号			民族		联系电话	
家庭人口		2008年家庭人均纯收入(元)			家庭类型	□分散供养五保户 □低保户 □其他贫困户		
家庭地址		乡(镇)　　　村　　　组			原房屋面积		原房屋等级	□C □D
改造计划	改造方式	□修缮加固 □翻建新建	建房方式	□自建 □统建 □原址翻建 □异地重建	房屋结构		□砖木 □砖混 □其他	
	改造面积		动工时间		自筹资金(元)		国家补助(元)	
村委会评议意见							村委会(盖章)　年　月　日	
乡镇政府审核意见							乡镇政府(盖章)　年　月　日	
县(区)农村危房改造领导小组审批意见	政府安排补助资金　　　元。						单位(盖章)　年　月　日	

申报材料包括：

(1) 乡(镇)报县(区)申报材料

1) 安徽省农村危房改造试点户申请表；

2) 乡(镇)农村危房改造试点实施方案；

3) 新建户比较集中的农房改造点，乡(镇)人民政府应制定危房改造试点建设规划方案,报县(区)建设部门备案。

(2) 县(区)报市、省材料

1) 县(区)农村危房改造实施方案;

2) 县(区)农村危房改造三年规划;

3) 2009年农村危房改造试点户汇总花名册。

4.4 增减挂钩项目申报

4.4.1 增减挂钩项目

增减挂钩项目扶持资金主要来源于以下几个方面:

1. 通过增减挂钩节余的土地置换时,应收取的新增建设用地有偿使用费、耕地开垦费全部返还节余用地指标的村庄;耕地占用税返还给乡镇,由各乡镇根据增减挂钩的进展情况,对挂钩村进行补贴;

2. 对增减挂钩节余的用地指标,安排不低于40%的转换指标,用于经营性用地,提高土地纯收益;

3. 政府土地平均纯收益不低于20%的用于农业土地开发的资金,用于支持农村住房建设;

4. 政府设立专项资金,对增减挂钩给予支持。政府对节约土地的村庄予以建房补贴,也可以给予贷款贴息;

5. 鼓励建筑企业参与增减挂钩旧村改造,政府提供优惠政策。支持大型企业融通资金投向增减挂钩确定的农村住房建设。

在增减挂钩项目实施过程中,要按照资金整合、内容叠加、成果共享的原则,最大限度的利用各项资金,充分挖掘社会力量,参与增减挂钩工作。

4.4.2 申报准备

1. 动员部署

召开全县各乡镇党政主要负责人会议,部署增减挂钩工作,结合现状,宣传当前土地利用特别是建设用地所面临的严峻形势。

2. 专项调查

制定增减挂钩项目区实施方案。结合土地利用总体规划修编和村庄改造与新农村建设规划，在全国范围内开展增减挂钩专项调查，调查内容包括：自然村人口、户数、村庄占地面积、房屋新旧程度、可整理面积、人均耕地、土地利用现状、权属状况、地理区域、行政区位等方面因素，进行专题调查，分析各增减挂钩区域的潜力和可行性，并编制《增减挂钩实施方案》。

《增减挂钩项目区实施方案》包括以下内容：该项目区选择的主要依据和可行性，项目区的基本情况，提出项目区农村建设用地整理的总体安排，拆旧区位置、面积，建新区的位置，分年度实施的步骤，挂钩周转指标的规模和使用、归还计划，资金预算，资金筹措的主要渠道，取得的预期目标及相关成果资料；提出确保项目区实施计划顺利完成的相关组织领导，相关部门的职责，以及各种措施。

4.4.3 增减挂钩项目的申报方法

1. 申报程序

（1）开展挂钩试点的市、县（市、区）人民政府向省级国土资源部门提出开展挂钩试点工作申请。

（2）省国土资源厅根据试点市、县（市、区）提供的资料和项目区情况，组织制定省级试点工作总体方案向国土资源部提出开展挂钩试点工作申请。

2. 项目区申报资料

（1）项目区基本情况，包括项目区人口、面积、自然地理概况，土地利用现状等；

（2）分析增减挂钩项目区建设用地整理的条件、潜力、可行性及对周边环境的影响，落实拆旧地块，确定拆旧区规模、范围、时序安排，落实建新地块规模范围、布局和时序安排；

（3）制定拆旧区整理复垦与新区安置方案；

（4）提出挂钩周转指标的使用和归还计划；

（5）项目区建设用地资金预算，落实经费筹措途径；

(6) 项目实施的可行性和实施的保障措施。

3.《增减挂钩项目实施方案》图件

(1) 项目区(包括拆旧区、建新区)位置图、土地利用现状图、土地利用总体规划图；

(2) 拆旧区勘测定界图；

(3) 建新区规划图；

4. 增减挂钩项目的实施

根据实施方案，县国土资源局指导，项目所在的乡镇负责，行政村具体实施。

5. 中期检查指导

县增减挂钩工作领导小组将根据项目进展状况，加强对工程进展和工程质量进行监督，加强工作指导，及时发现问题、解决问题，对不符合要求的限期整改，整改不合格的，扣减扶持资金。

6. 验收

项目实施完成后，县国土资源局组织有关部门和领导小组成员单位进行初验，实地踏勘、测量增加耕地面积和新占耕地面积，出具报告，申请市国土资源局验收。市国土资源局初验合格后，报请省国土资源厅验收，验收合格后，净增加耕地置换为新增建设用地指标。

5 村庄整治项目实施

5.1 村庄整治项目建设模式

建设模式是项目建设实施的方式。在村庄整治中应根据项目的情况来确定合理的建设模式，如项目的等级要求情况，项目的规模情况不同所选的建设模式就有所不同。村庄整治项目常用的建设模式如下。

1. 自建

自建是指村集体自己组织人力、物力承担建设任务，自建自用。优点是村民熟悉村内情况，便于工作安排；通过村民投工投劳，"自己的事情自己办"，可降低工程费用；同时增加村民的参与意识，激发村民整治和保护环境的热情。这种模式的弊端是缺乏明确的经济责任制和强有力的内部约束制，造成施工专业化程度差、效率低、质量不易保证。尽量组织村内有经验的工匠及劳动力完成。适用于技术含量不高的小型公共环境整治项目。

为确保村庄整治项目顺利进行，必须将各项责任明确到每一个相关人员。做到事事有人负责。

表 5-1 为某村环境卫生综合整治活动任务分解表。

村环境卫生综合整治活动任务分解表　　　　表 5-1

序号	工作类别	工作分解任务	时间要求	责任人	备注
1	前期准备	1. 成立整治工作领导组；制定整治工作方案	7月6日前	胡××	各相关人员
		2. 召开专项整治动员会	7月10日前	胡××	村、组
		3. 摸排全村存在的垃圾乱堆、乱放，乱建情况	7月15日前	尹××	相关人员
		4. 启动亭外综合整治工程（征地、建设、拆迁等）	7月底前	郑××	相关人员

续表

序号	工作类别	工作分解任务	时间要求	责任人	备注
2	宣传发动	5. 横幅、标语、通告及文书准备；广播宣传	7月20日前	汪××	奕村组张××协助
		6. 组织党员倡议志愿者系列行动	7月中旬	胡××	奕村党小组
		7. 奕村整治重点摸底及任务分解	7月10日前	胡××	领导组
3	重点整治	8. 清溪河源头整治	9月20日前	刘××	奕村保洁员
		9. 祠堂周边环境整治	8月10日前	尹××	配合修祠堂同步进行
		10. 启动各胡同、弄道路硬化、环境整治	9月15日前	胡××	全体领导组成员

http://oa.ahxf.gov.cn/vidage/content.asp?webid=17272class_id=36324id=62016

2. 招标发包

招标发包是招标人自己不承担设计、施工任务，通过发包的方式，将这些任务发包给专业承包人。这种模式的最大优点是通过发包这种方式，充分引进竞争机制，在优胜劣汰的压力下，促进各专承包人不断提高技术和管理水平，精打细算提高经济效益。发承包是目前最主要的建设管理模式。对外包的工程可以采用招标人直接管理或招标人委托其他单位管理。

（1）招标发包项目的管理

1）招标人直接管理

招标人自己组建管理机构，承担对承包单位的管理工作，也就是在发承包合同中自任甲方。这种既是招标人又是建设单位的模式，我国目前较为普遍。这种模式的主要缺点是招标人在建设管理方面往往缺乏经验，以致管理水平不高，一个项目建成，取得了一定的经验和教训后，建设管理机构解散了。当招标人不能在同一行业做到滚动开发时，这种缺点会显得尤其突出。

2）招标人委托其他单位管理

招标人委托诸如咨询公司、监理公司等专业单位代表招标人，对设计、施工等承包单位进行管理，招标人不直接参与项目建设的日常管理工作，而是把主要精力放在资金筹措和对委托单位的监督。这种方式可大大提高管理水平、减少不必要的浪费。

（2）对施工队伍的资质要求

我国建筑公司是分类分级，分类：总承包、专业承包和劳务分包三个序列。分级：一级、二级、三级和不分级。其中，一级为最高。

取得施工总承包资质的企业，可以承接施工总承包工程。施工总承包企业可以对所承接的施工总承包工程内各专业工程全部自行施工，也可以将专业工程或劳务作业依法分包给具有相应资质的专业承包企业或劳务分包企业。

取得专业承包资质的企业，可以承接施工总承包企业分包的专业工程和建设单位依法发包的专业工程。专业承包企业可以对所承接的专业工程全部自行施工，也可以将劳务作业依法分包给具有相应资质的劳务分包企业。

取得劳务分包资质的企业，可以承接施工总承包企业或专业承包企业分包的劳务作业。

村庄整治项目应根据项目的规模，建筑物等级等各种情况来合理确定不同资质的建筑公司。

（3）监督管理

建设工程是否实行监理，原则上应由发包人自行决定。但是对于使用国家财政资金或者其他公共资金建设的工程项目，为了加强对项目建设的监督，保证投资效益，维护国家利益，国家规定了实行强制监理的建设工程范围。属于实行强制监理的工程，发包人必须依法委托工程监理单位实施监理，对于其他建设工程，则由发包人自行决定是否实行工程监理。对需要实行工程监理的，发包人应当委托具有相应资质条件的工程监理人进行监理。发包人与其委托的工程监理人应当订立书面委托监理合同，这是委托监理合同中工程监理人对工程建设实施监督的依据。发包人与工程监理人之间的关系在性质上是平等主体之间的委托合同关系，因此发包人与监理人的权利和义务关系以及法律责任，应当依照合同法委托合同以及其他法律、行政法规的有关规定。

5.2 村庄整治项目招标

5.2.1 招标方式

1. 公开招标

公开招标即招标单位通过报纸、广播、电视等发布招标通告，凡有兴趣并符合要求的承包人均可申请投标，经资格审查合格后，按规定时间进行投标竞争。

这种招标方式的优点是，招标人可以在建筑市场上找到可靠的承包人，达到建设质量高、费用低、效益好的目的。对投标人来说，公开招标对投标者的数量不受限制，是无限量的竞争性招标，体现了公开和平等竞争的原则。缺点是标书编制、资格预审和评标等工作量大、时间长、招标费用高。

2. 邀请招标

邀请招标又称选择或有限竞争性招标。招标单位参照自己的情报或资料，或者请监理单位推荐，根据承包企业的信誉，技术水平，过去承担类似工程的质量，资金，技术力量，设备能力，经营管理水平等条件，邀请几家承包人参加投标。一般邀请5~10家为益，但不能少于3家，否则就失去了竞争性。其特点是：(1)不用发布通告，不要资格预审，简化了手续，节约了费用和时间；(2)对承包人比较了解，减少了违约的风险；(3)比公开招标的竞争性差，一是可能排除某些技术上和报价上有竞争力的承包人，二是可能提高标价。

3. 协商议标

协商议标是由建设单位找少数几家施工企业通过双方协商来确定有关事宜直到与某一承包人达成协议，将工程任务委托其去完成。由于这种方式不具有公开性和竞争性未被我国的《招标投标发》采纳。采用协商通常参加议标的单位应不少于两家。通常这种招标方式仅适用于下列情况：(1)专业性非常强，需要专门经验或特殊设备的工程或出于保护专利等的需要，只能考虑某一符合要求的承包人。(2)与已发包的大工程有联系的新增工程。(3)性质特殊、内容复杂，发包时工程量或若干技术细节尚难确定的工程，以及某些紧急工程。(4)公开招标或邀请招标未能产生中标单位，预计重新组织招标仍不会有结果。(5)建设单位开发新技术，承包人从设计阶段就已参加工作，实施阶段还需要该承包人继续合作。

5.2.2 招标的程序

按照招标人和投标人参与程度，可将公开招标过程粗略划分成招标准备阶段、招标投标阶段和决标成交阶段。

1. 招标准备阶段主要工作

招标准备阶段的工作由招标人单独完成，投标人不参与。主要工作包括以下几个方面。

(1) 选择招标方式

1) 根据工程特点和招标人的管理能力确定发包范围；

2) 依据工程建设总进度计划确定项目建设过程中的招标次数和每次招标的工作内容；

3) 按照每次招标前准备工作的完成情况，选择合同的计价方式；

4) 依据工程项目的特点、招标前准备工作的完成情况、合同类型等因素的影响程度，最终确定招标方式。

(2) 办理招标备案

招标人向建设行政主管部门办理申请招标手续。招标备案文件应说明：招标工作范围；招标方式；计划工期；对投标人的资质要求；招标项目的前期准备工作的完成情况；自行招标还是委托代理招标等内容。获得认可后才可以开展招标工作。

(3) 编制招标有关文件

招标准备阶段应编制好招标过程中可能涉及的有关文件，保证招标活动的正常进行。这些文件大致包括：招标广告、资格预审文件、招标文件、合同协议书，以及资格预审和评标的方法。

2. 招标阶段的主要工作内容

该阶段从发布招标广告开始，到投标截止日期为止的时间。

（1）发布招标广告。招标广告的作用是让潜在投标人获得招标信息，以便进行项目筛选，确定是否参与竞争。

东周村村庄环境治理污水项目招标公告

招 标 公 告

东周村村庄环境治理污水项目，已经批准建设，现将工程施工向社会公开招标，有关事项公告如下：

一、工程概况： 本工程位于金华市婺城区白龙桥镇东周村，污水管网土建工程，工程概算投资约<u>48</u>万元。计划工期<u>100</u>日历天，如遇雨天工期顺延，工程质量要求符合<u>区农办</u>验收标准。

二、报名条件： 本次招标要求投标人须具备具有<u>市政公用工程专业承包三级及以上资质</u>的法人，在人员、设备、资金等方面具有相应的施工能力。项目负责人具有<u>市政公用工程贰级及以上资质的建造师执业资格</u>；报名结束后不得更换项目负责人。

三、报名时提供以下资料（原件及加盖企业法人公章的复印件，原件报名后归还）按顺序装订成册：

1.企业介绍信、法定代表人委托书及委托代理人身份证复印件，授权委托代理人员须提供本单位的社保证明（所在地社会保险事业管理处盖章确认）；2.企业营业执照和资质证书副本；3.建造师注册证书；4.企业安全生产许可证；5.企业"三类人员"证书即法定代表人、企业负责人、企业安全生产副经理（须附上任职文件）、技术负责人等A类证书，项目负责人B类证书，安全生产专职人员C类证书；6.项目负责人无在建工程的承诺；7.外地进金施工企业诚信管理登记表或诚信管理手册。

附加条件：报名时的授权委托代理人与开标时的授权委托代理人要一致。

四、 报名结束后对报名人的资料进行符合性审查，报名人凭通知办理购标手续，符合性审查未通过的报名人，不再另行通知。

五、报名时间及地点：

报名时间：2009年7月14日（上午9：00—11：00，下午2：00—4：00）；

报名地点：婺城区招投标交易中心（白龙桥华龙南街婺城行政服务中心2楼）

联 系 人：×××，×××　　　　联系电话：××××××××

六、招标单位： 金华市婺城区白龙桥镇东周村村委会

七、监管单位： 金华市婺城区招投标管理办公室

二〇〇九年七月十日

http：//www.wcxz.gov.cn/wuchxzzx/zbxx/zbtg/27641.shtml

（2）资格预审。对潜在投标人进行资格审查，主要考察该企业总体能力是否具备完成招标工作所要求的条件。公开招标时设置资

格预审程序,一是保证参与投标的法人或组织在资质和能力等方面能够满足完成招标工作的要求;二是通过评审优选出综合实力较强的一批申请投标人,再请他们参加投标竞争,以减小评标的工作量。

(3)发售招标文件。招标文件通常分为投标须知、合同条件、技术规范、图纸和技术资料、工程量清单几大部分内容。

(4)现场考察。招标人在投标须知规定的时间组织投标人自费进行现场考察。设置此程序的目的,一方面让投标人了解工程项目的现场情况、自然条件、施工条件以及周围环境条件,以便于编制投标书;另一方面也是要求投标人通过自己的实地考察确定投标的原则和策略,避免合同履行过程中以不了解现场情况为理由推卸应承担的合同责任。

(5)解答投标人的质疑。招标人对任何一位投标人所提问题的回答,必须发送给每一位投标人保证招标的公开和公平,但不必说明问题的来源。回答函件作为招标文件的组成部分,如果书面解答的问题与招标文件中的规定不一致,以函件的解答为准。

3. 决标成交阶段的主要工作内容

从开标日到签订合同这一期间称为决标成交阶段,是对各投标书进行评审比较,最终确定中标人的过程。

(1)开标。在投标须知规定的时间和地点由招标人主持开标会议,所有投标人均应参加,并邀请项目建设有关部门代表出席。开标时,由投标人或其推选的代表检验投标文件的密封情况。确认无误后,工作人员当众拆封,宣读投标人名称、投标价格和投标文件的其他主要内容。所有在投标致函中提出的附加条件、补充声明、优惠条件、替代方案等均应宣读,如果有标底也应公布。开标过程应当记录,并存档备查。开标后,任何投标人都不允许更改投标书的内容和报价,也不允许再增加优惠条件。投标书经启封后不得再更改招标文件中说明的评标、定标办法。

(2)评标。评标是对各投标书优劣的比较,以便最终确定中标人,由评标委员会负责评标工作。大型工程项目的评标通常分成初评和详评两个阶段进行。

1) 初评。评标委员会以招标文件为依据，审查各投标书是否为响应性投标，确定投标书的有效性。投标书内如有下列情况之一，即视为投标文件对招标文件实质性要求和条件响应存在重大偏差，应予淘汰。

对于存在细微偏差的投标文件，可以书面要求投标人在评标结束前予以澄清、说明或者补正，但不得超出投标文件的范围或者改变投标文件的实质性内容。

2) 详评。详评通常分为两个步骤进行。首先对各投标书进行技术和商务方面的审查，评定其合理性，以及若将合同授予该投标人在履行过程中可能给招标人带来的风险。评标委员会认为必要时可以单独约请投标人对标书中含义不明确的内容作必要的澄清或说明，但澄清或说明不得超出投标文件的范围或改变投标文件的实质性内容。澄清内容也要整理成文字材料，作为投标书的组成部分。在对标书审查的基础上，评标委员会依据评标规则量化比较各投标书的优劣，并编写评标报告。

3) 评标报告。评标委员会经过对各投标书评审后向招标人提出的结论性报告，作为定标的主要依据。评标报告应包括评标情况说明；对各个合格投标书的评价；推荐合格的中标候选人等内容。

(3) 定标。确定中标人前，招标人不得与投标人就投标价格、投标方案等实质性内容进行谈判。招标人应该根据评标委员会提出的评标报告和推荐的中标候选人确定中标人，也可以授权评标委员会直接确定中标人。

定标原则是，中标人的投标应当符合下列条件之一：能够最大限度地满足招标文件中规定的各项综合评价标准；能够满足招标文件各项要求，并经评审的价格最低，但投标价格低于成本的除外。

中标人确定后，招标人向中标人发出中标通知书，同时将中标结果通知未中标的投标人并退还他们的投标保证金或保函。中标通知书对招标人和中标人具有法律效力，招标人改变中标结果或中标人拒绝签订合同均要承担相应的法律责任。

5.2.3 招标文件组成

招标文件可由招标人自行准备，也可委托有关部门代办。招标文件是投标者编制标书的主要依据，内容应满足投标要求。

招标文件的内容如下：

（1）工程综合说明。工程综合说明的目的在于帮助投标者了解招标工程的概况。其主要内容有：工程名称、规模、地址、发包单位、建筑结构、设备概况、场地和地质条件、可提供的条件及工期要求等。

（2）设计图纸和技术说明书。其目的在于使投标者了解工程的具体内容和技术要求以便能拟定施工方案、施工进度和计算工程造价。设计图纸的深度可随设计阶段和相应的招标阶段而有所不同。工程施工阶段招标则应尽可能提供详尽的设计图纸。技术说明书则应满足下列要求：能比较有把握地估算出工程造价；能估计出承担的风险等。

（3）工程量清单。工程量清单是投标单位计算报价和招标单位评标的依据。工程量清单通常以单位工程为对象，列出每一分部分项的项目编码、项目名称、计量单位和工程量。工程量清单包括分部分项工程量清单、措施项目清单和其他项目清单。

（4）单价表。单价表通常由招标单位开列出分部分项工程名称，交投标单位填列单价作为标书的重要组成部分。也可由招标单位提出单价，交投标单位认可或另行提出单价。考虑到工程量和单价对工程总价影响甚大，确定时双方都应慎重并应互相认可。

（5）投标须知。投标须知是指导投标单位正确和完善履行投标手续的依据，目的在于避免造成废标。投标须知的内容一般为填写和投、送标书的注意事项，废标条件，决标优惠条件，勘察现场和解答问题的安排，投标截止日期及开标时间、地点等。

（6）合同的主要条件。其作用是使投标单位明确，中标后作为承包人应承担的义务和责任；也是作为洽谈签订正式合同的基础，供投标决策参考。合同条件包括合同所依据的法律、法规、总价、开工、竣工日期、工程款结算方法、工程质量及验收标准、奖惩条件和方法、保修期等。

5.3 村庄整治项目施工准备

5.3.1 施工准备的内容

施工准备的内容一般包括：建设用地准备，施工条件准备，施工现场准备，物资准备，施工人员准备以及贯穿于各施工阶段相应的具体准备工作。

村庄整治项目的开工建设，应具备以下条件：

（1）办理了整治项目用地批准手续。

（2）符合村镇规划。

（3）确定了施工单位或选定了有承建整治项目能力的工匠。

（4）具有满足施工需要的施工图纸。

（5）建设资金已经落实。

5.3.2 建设用地准备

村庄整治项目征地，应在村镇规划的指导下，统一部署，分期分批实施。尽量利用已有的宅基地和规划建设用地。规划中的村镇基础设施，应纳入整治的范畴，统一实施。征地工作完成后，及时进行拆迁工作。拆迁清除时，要深入了解现场实际情况，确保安全。特别是涉及原有电力、通信、煤气、给水排水等设施以及沼气池的拆除和清理。房屋建筑只有在水、电、气切断后才能进行拆除。

5.3.3 施工条件准备

1. 基础资料准备

为了有效地组织施工，必须具有可靠的基础资料。包括整治项目所在地的供水、供电、交通状况以及当地劳动力状况技术经济条件等。当地的技术经济条件是影响施工的重要因素，如能充分利用当地的技术经济条件，可以就地取材、减少运输成本、降低暂设工程费用，从而降低建设成本，取得成效。

2. 技术准备

村民自建房屋应有合理的施工方案；专业施工队伍承建整治项目，为处理好人力、物力、财力以及它们在空间和时间上的排列关系，应根据施工项目的规模、结构特点、施工单位的技术力量等编制能具体指导该工程全部施工活动的施工组织设计。

技术准备工作的内容根据村民自建还是专业队伍承建范围有所不同，但均应包括：

（1）进行技术交底，使施工单位或工匠了解设计意图，满足质量要求；

（2）审查施工方案与措施是否符合强制性标准；

（3）协调处理施工现场周围地下管线、邻近建筑物、构筑物等的保护工作。

如果采用的是专业施工企业承建整治项目，在技术准备工作中还应注意：

（1）审批施工单位的施工组织设计，特别是施工方案、组织技术措施等；

（2）如实施监理，审查监理单位现场组织机构的组建情况。

开工前组织落实第一次工地会议也是准备工作的重要内容之一。参加会议人员包括：村庄建设代表、监理人员、施工单位项目经理及管理人员等。会议的主要任务是落实各方准备工作的完成情况，明确各方的职责。

3. 施工场地准备

施工场地的准备工作是要在施工前做好"三通一平"及搭建临时设施。即接通施工用水、生活用水的管线；接通电力设施；场地平整。施工现场临时设施应按照施工组织设计规定的数量和要求修建。应尽量利用原有设施以节省费用。

5.3.4 材料采购与设备租赁

材料设备准备工作必须在各阶段开工前完成。根据拟采用的施工方案和施工进度计划，确定施工机具的类型、数量，组织进场和安装。建筑材料应根据施工预算的材料分析，按照进度计划要求，分别按材料名称、规格、使用时间、材料储备定额和消耗定额进行汇总，编制出材料需要量计划，以便签订供货合同，组织备料，确定仓库、堆场面积。材料的订货，要保证材料按施工进度要求分期分批进场，减少二次搬运，并做好防水、防潮等工作。不得使用无出厂合格证的原材料。

5.4 村庄整治项目施工管理

整治项目由蓝图变成现实，要通过施工过程完成。施工过程的项目管理是在这一生产过程中所实施的一系列管理工作，通过合同管理的手段实现工期、成本、质量等管理目标。

5.4.1 工期管理

工期管理是指整治项目的施工进度管理，其方法是按既定的工期编制施工进度计划，在执行过程中，将实际进度与计划进度进行对比，若出现偏差，分析产生的原因和对工期的影响，采取必要的调整措施，修改原计划。如此循环工作，以确保项目在既定目标工期内实现，或者是在保证施工质量和不增加成本的前提下，适当缩短工期。

1. 进度计划编制

施工进度计划的编制是在既定施工方案的基础上，根据施工工艺的合理性，对施工项目各个分部分项工程的施工顺序及其开始与结束时间所做出的具体日程安排，常用横道图或网络图表的形式表示。下图是横道图表的形式，由两部分组成。左边部分为整治项目分部分项工程的名称及其工程量、需要劳动量、持续时间等数据。右边是根据左边部分数据而设计出来的进度指示图表，用横线条形象地表现出各分部分项工程的施工进程，并初步地反映出它们之间的施工顺序关系。

一般的编制步骤是：

(1) 划分分部分项工程(工序)项目。如图 5-1 的道路工程分为施工准备、路基找平夯实、排水沟施工、混凝土路面施工、路面铺装与路灯、绿化植物栽植、检查验收等。

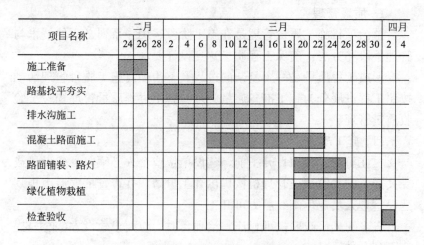

图5-1 某村内主干道整治项目施工进度计划

（2）确定每个分项的作业时间。应根据分项工作量、机械配备与施工人数及施工的效率（或工程定额）综合考虑计算确定；

（3）确定施工顺序，即各分项施工的先后与搭接关系。尽量组织流水作业；

（4）编排施工进度计划图表，如图5-1。

编制施工计划时要充分考虑各工序的特点，以及季节对施工的影响，避开施工不利的季节。如土方工程不宜安排在雨季实施，混凝土浇筑不宜安排在冬期施工等。

2. 进度管理

整治项目进度管理工作的实质就是规划、控制和协调，即确定项目进度控制目标，编制其进度计划并控制实施。由于整治项目影响进度的因素较多，编制计划和执行计划时需要对各种影响因素有充分的认识和估计。在实施过程中，进行实际进度与计划进度的比较，出现偏差及时采取措施调整，如改变施工方案、增加作业人员、增加作业班次等，协调与施工进度有关的单位、部门和施工队（组）之间的进度关系，保证进度目标的实现。

5.4.2 质量与安全管理

1. 质量管理

整治项目施工质量管理是在施工阶段运用一系列必要的技术与管理手段和方法,确保工程质量达到设计要求。

形成工程质量是一个复杂的过程。整治项目施工质量管理活动按照工程进展分为施工准备质量管理、施工过程质量管理和竣工验收质量管理。

(1) 施工准备质量管理

村庄整治工程项目开工前,建设单位或个人必须向县建设局或受其委托的乡镇建设管理机构提出开工申请,并审查批准后由规划建设管理人员定位画线后方可开工。

各乡镇人民政府批准村庄整治项目时,应要求建设方(业主)提交下列文件:

1) 工程用地批准文件;

2) 建筑工程施工图或选用的通用图;

3) 与具备相应资质的施工企业签订的施工合同或者与具有相应资格的村镇建筑工匠及具有同类建筑施工经验的施工人员签订的建房协议,其中应明确各自的质量、安全责任;

4) 与提供技术服务的专业技术人员签订的技术服务协议;

5) 勘察设计单位对拟建场地周边环境的评估文件。

各乡镇政府应建立健全安全监督责任制,与建设方(业主)签订质量、安全责任书,配备相应的具有一定专业技术的人员,负责质量安全的监督与管理,在监管过程中要坚持服务与监督并重的原则,对工程设计、施工提供技术指导。各乡镇村庄整治管理服务机构主动为农民建房提供现场指导和服务,切实提高农民建房的质量安全管理水平,努力杜绝质量安全事故发生。

承担施工任务的单位,必须具有相应的施工资质等级证书或者资质审查证明,并按规定的经营范围承担施工任务。从事建筑施工的个体工匠,除承担房屋修缮外,须按有关规定办理施工资质审批手续。承建方必须建立健全质量管理和安全生产责任制,并签订质量、安全责任书，制定质量安全责任书，制定质量安全生产规章制度和操作规程。

凡建筑跨度、跨径或高度超出规定范围（由省、自治区、直辖市人民政府或者其授权的部门规定）的乡镇村企业、乡镇村公共设施和公益事业的建设工程，以及二层（含二层）以上的住宅，必须由取得相应的设计资质证书的单位进行设计，或者选用通用设计、标准设计。

（2）施工过程质量管理

施工过程质量管理是施工质量管理的重点。施工过程中施工单位应当按照设计图纸施工。任何单位和个人不得擅自修改设计图纸；确需修改的，须经设计单位同意，并出具变更设计通知单或者图纸。施工过程质量管理的主要措施是以工序质量控制为核心，设置质量预控点，严格质量检查，加强成品保护。工序质量包括作业条件质量和工序作业效果质量。对其进行质量管理，就是要按照有关的技术规定施工，使每道工序投入的人力、材料、机械、方法和环境得以控制，不得使用不符合工程质量要求的建筑材料和建筑构件，使每道工序完成的工程产品达到规定的质量标准。现代质量控制理论提倡要主动控制工序作业条件，变事后检查为事前控制；主动控制工序质量，变事后检查为事中控制，对质量影响大或重要部位等设置质量控制点，以便进行预控。

施工过程质量检查是质量管理的重要手段，包括：

1）施工操作质量的巡视检查，对不符合规程要求的施工操作，及时予以纠正。

2）工序质量交接检查。每一道工序完成后，须经过自检和互检合格，办理工序质量交接检查手续后，方可进入下道工序施工。

3）隐蔽工程检查验收。如检查槽底是否挖至设计所要求的土层，一般应挖至老土，否则，应考虑继续下挖或进行处理。

4）分部（项）工程质量检查。一定要加强施工过程质量管理，一旦发现违反工程质量和安全生产规范、标准的工程项目，应及时制止。建设工程发生质量安全事故时，承建方及建设方（业主）应及时采取措施，防止事故扩大。

（3）竣工验收质量管理

村庄整治建设工程竣工后，应当按照国家的有关规定，经有关部门竣工验收合格后，方可交付使用。

2. 安全管理

在村庄整治工作中抓好质量管理的同时也要做好安全管理。各整治村要加强对本村整治工作施工安全的管理，重点加强对搭架外墙粉刷高空作业，用电安全管理等方面的监督。

（1）加强施工安全教育培训。提高施工人员的安全生产意识、安全生产技能和自我防范能力，坚决杜绝"违章指挥、违章作业、违反劳动纪律"现象。

（2）加强安全防护用品的使用、管理。各施工单位必须为从事搭架、外墙粉刷等危险作业的施工人员配备安全帽、安全带等防护用具，防护用具在使用前施工单位应按规定进行安全性能检验，并经常开展安全检查，对不按要求使用安全防护用具的人员要及时给予制止。

（3）加强施工用电管理。施工单位要严格遵守安全用电规则，严禁乱拉乱接电源，严禁违章违规使用电路，电机操作人员必须经过专业培训，接触电源必须有可靠的绝缘措施，并按规定严格检查，防止触电事故的发生，人员离开电器设备，要关闭总电源，在电线裸露地方，应设立醒目的危险警告标志，并采取有效的隔离措施。

（4）定期开展施工安全专项检查。要加强对施工安全的监管，开工后要定期开展安全专项检查，重点检查外墙粉刷队伍施工资质、施工人员保险、安全教育培训及安全防护用品、保护设施的配备使用等内容。各村要将定期安全检查情况上报镇城建办。

同时施工单位应编制安全生产事故专项应急预案和现场处置方案，如图 5-2 及表 5-2。

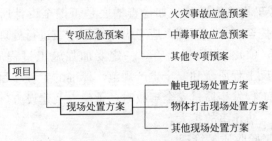

图 5-2　安全生产事故专项应急预案和现场处置方案

现场应急处置措施专项　　　　　　表 5-2

紧急情况	现场应急处置措施
触　电	1. 迅速拉闸断电，用木棒等不导电的材料将触电者与触电线、电器部位分离； 2. 将伤者抬到平整场地按照有关救护知识立即救护； 3. 拨打 120，同时向项目部应急指挥部人员报告。
高处坠落	1. 受伤人员或者最早发现人员大声呼救； 2. 拨打 120，同时向项目部应急指挥部人员报告； 3. 检查伤者的受伤情况，然后采取正确的方式将伤者抬到平整场地按照相关救护知识进行急救。

5.4.3 费用控制

整治项目的施工阶段，需要投入大量的人力、物力、资金，是整治项目建设费用直接消耗的时期。因而，费用控制是村庄整治项目施工管理的重要内容，应给予足够的重视。编制费用计划表（或图）是搞好费用控制的基础工作之一（见图 5-3）。

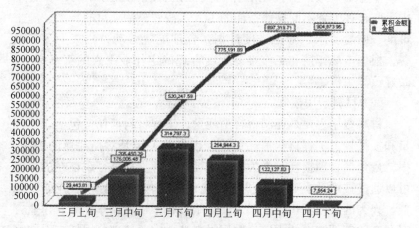

图 5-3　分时段费用支出计划

1. 费用控制主要措施

费用控制的主要内容是控制工程款的支付，严格按程序进行计量支付。应有专人负责，制订费用控制工作计划并负责实施。

经济措施方面，编制资金使用计划，配合工程计量、复核工程付款账单、签发付款证书等，进行费用支出实际值与计划值比较，如有偏差，及时纠偏，特别是注意工程变更价款的处理。

技术措施方面，对设计变更进行技术经济比较，严格控制设计变更，审核施工方的施工组织设计，对主要施工方案进行技术经济分析。

合同措施方面，严格现场签证制度，作好资料积累，发生索赔事项时，依合同正确处理；如合同需要修订、补充时，要充分考虑对费用控制的影响。

2. 村庄整治项目要立足与少花钱，多办事

整治项目的施工阶段资金的耗费主要是施工方的生产消耗，包括人工、材料、机械等直接花费与管理费支出的间接花费。费用控制应积极引导施工方在保证工程质量的前提下，厉行节约，降低成本，从而保证整治项目的资金投入控制在预算内。

（1）作业工人人工费控制

作业工人人工费控制工作的关键是合理配置劳动力。在施工中，应合理配置不同操作技能的工人，按照整治项目的特点、施工难度、质量要求、施工进度计划，合理配置劳动力，减少窝工浪费。根据市场行情和工作难易程度合理确定作业工人的工资标准，做好核算工作。

（2）材料费用控制

材料费用主要是控制材料消耗量。工程材料消耗量包括净消耗量和损耗量。工程材料消耗量控制工作的关键是对损耗量的控制。损耗量包括合理损耗和人为因素损耗。合理损耗是客观存在的，但可以通过技术改良、提高操作技能、优化作业方案等措施加以降低。人为因素损耗是作业工人在施工过程中违反操作程序、作业方案和有关管理制度的规定，滥用材料造成的，这部分损耗应引起高度重视。通过改进材料的采购、运输、收发、保管等方面的工作，减少各个环节的损耗，节约采购费用；合理堆放现场材料，避免和减少二次搬运；严格材料进场验收和限额领用制度；制订并贯彻节约材料的技术措施，合理使用材料，及时回收落脚材料，综合利用一切资源。

周转材料的配置与施工技术方案、施工进度关系密切。确定施工技术方案与编制施工进度计划后，周转材料的配置基本定型。因而，在编制施工进度计划和拟定施工技术方案时应慎重考虑。周转材料消耗量的控制工作应充分借鉴和利用以往工程中积累的资源和管理经验，新旧材料合理配置，加强对材料的保养维护工作，在保证工程质量的前提下提高材料的周转次数，降低周转材料费用。

（3）机械费控制

机械设备的投入受施工进度计划和施工方案的制约，应结合整治项目的特点，合理布置，以提高效率。机械设备消耗量的控制，应充分利用以往工程中积累的资源和管理经验，加强机械设备的维护，提高机械的完好率、利用率和使用效率，严格执行各种机械设备的操作规程，保证机械正常使用，从而加快施工进度、提高产量、降低机械使用费用。

（4）管理费用控制

管理费用控制的重点是精简管理机构，合理确定管理幅度与管理层次，严格控制非生产人员比例；合理配置办公设施和交通、通信设施，降低办公费用和业务费用；建立健全财务管理制度，合理控制各项费用开支。

除此以外，要严把质量关，杜绝返工现象，缩短工期，以节省费用开支。

5.4.4 合同管理

1. 合同

村庄整治中的经济往来，应主要通过合同形式进行。所谓合同是指平等主体的自然人、法人、其他组织之间设立、变更、终止民事权利义务关系的协议。或者说，合同是为实现某一个目标，规定双方权利和义务的契约。

合同明确规定了双方相互权利、义务关系。订立时应遵守自愿、公平、诚实信用等原则。合同具有法律效力，合同双方必须严格遵守，产生纠纷时可依据合同来处理，从而做到有法可依。

2. 村庄整治合同

村庄整治项目合同主要包括工程外包合同、采购合同、劳务合同、租赁合同、监理合同、土地使用权出让和转让合同、建设工程涉及的保险合同等。

××镇管××村庄整治绿化建设工程合同

发包方(全称)：××镇××村经济合作社　（简称甲方）

承包方(全称)：　　　　　　　　　　　（简称乙方）

依照《中华人民共和国合同法》、《中华人民共和国建筑法》及其他有关法律和行政法规，遵循平等、自愿、公平和诚实守信的原则，双方就本建筑工程施工事项，订立本合同。

一、工程名称：××镇××村村庄整治绿化建设工程

工程地点：××镇××村

二、工程承包范围：投标保证金 10000 元自动转为工程保证金(不计息)。

三、合同工期

开工日期：2008 年 10 月 15 日

竣工日期：2008 年 11 月 15 日

合同工期总日历天数：30 天。

四、合同价款

中标价(大写)：　　　　（甲方应付工程款在工程综合验收后决算确定）

五、组成合同的文件

组成本合同的文件包括：

1. 本合同协议书；
2. 投标须知；
3. 双方有关工程的洽商、变更等书面协议或文件视为本合同的组成部分。

六、违约责任：工程未按规定时间完成，每延迟一天，每天处罚乙方总工程款 0.5% 的违约金。

七、承包人向发包人承诺按照合同约定时间进行施工，并在保修期内(验收合格满一年)承担工程质量保修责任。

八、工程付款方式：本工程为全额带资工程，工程验收合格后，甲方支付乙方合同价的 50%，退还工程保证金；1 月 30 日前支付到总工程款的 90%，其余 10% 工程款一年后视质量情况付清。

九、甲、乙双方的职责

1. 甲方负责质量监督、组织、检查验收；
2. 乙方必须按照工程投标的要求进行施工，在施工过程中的道路损坏有乙方负责修复。乙方必须安全施工，若在该施工过程中，所发生的安全责任事故和造成的损失，均由乙方承担。

十、本合同经双方签约后生效，本合同一式四份，双方各执一份，村务公开栏公布一份，签证单位备案一份。

发包方(盖章)　　　　　　　　　代表人：

承包方(盖章)　　　　　　　　　代表人：(或委托人)

签证单位(盖章)

　　　　　　　　　　　　　　　　　　年　　月　　日

http://xnc.zJnm.cn/zdxx/xmlb/view.Jsp?zdid=23065Imid

如果整治施工项目规模较大，应采用《建设工程施工合同(示范文本)》签订建设工程施工合同。如果项目规模较小，采用简易合同即可。

(1) 根据《建设工程施工合同(示范文本)》签订的合同

《建设工程施工合同(示范文本)》(GF—1999—0201)共分合同协议书、通用条款、专用条款三部分以及承包人承揽工程项目一览表、发包人供应材料设备一览表和房屋建筑工程质量保修书三个附件。合同协议书的主要内容包括：工程概况、工程承包范围、合同工期、质量标准、合同价款、组成合同的文件、有关词语的定义、承包人向发包人承诺施工、竣工、质量保修责任、发包人向承包人承诺付款责任、合同生效等。条款包括：词语定义及合同文件、双方一般权利和义务、施工组织设计和工期、质量与检验、安全施工、合同价款与支付、材料设备供应、工程变更、竣工验收与结算、违约、索赔和争议以及其他。

根据范本签订的标准合同具有内容严密，双方权利义务分明，合同纠纷少等特点。

(2) 简易合同

如果整治项目规模较小，采用简易合同更方便管理。合同主要涉及工期、质量标准、合同价款金额与付款方式等。下面是某村村庄整治绿化建设工程一个简易合同。

3. 合同管理

对于已签订的合同管理具体可分为监控合同执行、工程款项拨付、各级工程验收、合同工期管理、合同变更控制、合同争议解决、违约索赔处理七部分。合同管理的内容如下：

(1) 监控合同执行：合同双方在日常管理中要相互监督是否依照合同执行。

(2) 工程款项拨付：村庄整治项目的资金拨付要严格按照财务制度和工程合同的约定以及工程管理规定进行支付。

(3) 各级工程验收：各级工程应根据相应合同条款对施工单位完成工程验收。

(4) 合同工期管理：按合同日期提供相应产品为各方的主要义务。设计合同的供图日期、设备、材料合同的交货时间、施工合同竣工日期为各方所承诺的、具有法律意义的产品交付时间。

(5) 合同变更控制：因合同变更涉及方面很多，所以一切合同变更都应经与正式合同同样的程序审定、批准后方可执行。

(6) 合同争议解决：无论何种解决方式、何种解决结果都不应影响工程建设的正常进行。对合同争议，双方本着互惠互利，友好合作的原则协商解决。

(7) 违约索赔处理：在处理违约索赔事项时，提出索赔一方应及时、全面收集相关证据，准确确定索赔额，形成索赔报告，被索赔一方应严格审查其合理性、精确性，依法提出价款与工期补偿的要求，维护自己的合法权益。

在进行合同管理过程中，应加强合同监督，特别是把握好合同变更与索赔管理。质量、工期、合同价是合同双方认可的合同标的，但合同双方的经济利益不同，会有不同的行为取向，就要利用合同条款，防止不合理索赔或不利的工程变更，不实的签证以及虚增的中间支付等。

对于施工阶段合同管理，应重点关注对材料和设备的质量控制、对施工质量的监督管理、隐蔽工程与重新检验、施工进度管理、设计变更管理、工程量的确认、支付管理、不可抗力、施工环境管理等相关内容的实施状况的监督。

5.5 村庄整治项目财务管理

各项整治资金的使用都有严格的要求，一般按照"专款专用、一事一议、集体决策、审计拨付"的原则。确保资金不会被挪用。

规范村庄整治项目财务管理的目的是理清农村项目的财务关系，增加财务收支透明度，规范农村财务管理，加强财务监督，建立制约机制，从根本上解决村民反映强烈的财务管理混乱的突出问题，预防和消除村财管理过程中村干部可能产生的腐败行为，提高资金的使用效益，密切党群、干群关系，激发和调动村民民主理财的积极性，促进农村两个文明的快速健康发展。

规范村庄整治项目财务管理，一是有助于提高村庄整治质量，二是有助于降低财务管理成本，三是有助于强化会计监督职能，四是有助于集中财力搞好农村经济建设。

村庄整治项目财务管理首先要注意以下几点：

(1) 健全财务会计制度。
(2) 规范账务处理程序。
(3) 实行会计电算化管理。
(4) 提高财会人员素质。
(5) 加强村级财务审计监督。
(6) 积极推行村财委托代理制。

各种资金都要求专款专用，有严格的资金使用办法。住房和城乡建设部等联合制定的《关于2009年扩大农村危房改造试点的指导意见》就要求，加强农村危房改造试点资金监管，要专款专用，分账核算。

加强投入资金运营的管理和监督。要完善资金运营管理体制，建议政府对财政资金总的分配、管理原则以及制约，由财政部门归口负责，同时对各项支农资金进行整合、捆绑使用，防止政出多门、分散使用的问题。另外，应进一步减少资金的流通环节，降低运行成本。为解决"重资金分配，轻资金管理"的问题，实行村庄整治的项目化，完善项目法人责任制、工程招标制、工程监理制、合同管理制，让使用资金进一步公开化，避免暗箱操作。应健全监督制约机制，对村庄整治中的建设项目进行监察，发现问题及时整改，最大化地提高资金的利用率。

6 村庄整治工作监督检查与项目后评价

6.1 村庄整治项目监督检查

6.1.1 政府的监督与检查

各级建设行政主管部门要加强村庄整治项目质量安全监督管理，建立质量安全定期巡查制度，对于限额以下村庄整治项目，要加强技术指导服务，对于限额以上村庄整治项目特别是村庄公共建筑项目，要督促监督村庄严格按照国家有关法律、法规和工程建设强制性标准实施招投标、质量监督和竣工验收。县、乡新农村建设办公室要加强对村庄整治项目资金使用的监督管理，建立项目验收机制，根据有关工程验收标准组织专人进行项目验收，验收合格后再据实拨付建设资金，以确保村庄整治项目符合质量要求。此外还要加强对理事会使用村庄整治项目资金的监督，坚决制止在村庄整治中向农民乱集资、乱摊派等损害农民权益的行为。

6.1.2 村委会的监督与检查

村委会要加强对理事会管理使用项目资金的监督检查，定期检查核实村庄整治项目实施过程中资金拨付和物资发放情况，监督检查理事会是否按照财务制度要求使用项目资金，是否做到项目竣工后将项目资金使用、项目所取得的效益进行公示，防止项目和资金的挪用、贪污等行为发生。村委会还要加强对村庄整治项目实施过程的监督检查，监督理事会是否履行对村庄整治项目监督管理职责，是否按规定要求实施整治项目的建设。

6.1.3 村民理事会的监督与检查

村民理事会要重点加强对村庄整治项目的监督管理，包括监督检查项目的建设进度和质量、施工队伍安全生产管理、施工材料质量等，及时发现并纠正出现的问题。对涉及农户自建的小型项目，要监督检查农民是否按照规划要求进行建设，是否做到建设标准统一。

6.1.4 村民的监督与检查

村民要加强对村民理事会的监督，主要监督理事会是否按照"一事一议"的议事规则实施村庄整治项目建设，是否及时公布村庄整治项目进度、质量和资金使用情况，接受全体村民或村民代表监督。此外，村民也可对村庄整治项目建设进度和质量进行监督检查，发现问题及时向理事会和村委会报告。

6.2 村庄整治项目后评价

村庄整治项目后评价是指在村庄整治项目已经完成并运行一段时间后，对项目的目的、执行过程、效果、作用和影响进行系统、客观的分析和总结的一种技术经济活动。

1. 项目后评价的意义

（1）确定整治的预期目标是否达到，主要效果指标是否实现；查找项目成败的原因，总结经验教训，及时有效反馈信息，提高未来整治项目的管理水平；

（2）为项目投入使用后出现的问题提出改进意见和建议，达到提高整治效果的目的；

（3）能客观、公正地评价村庄整治活动成绩和失误的主客观原因，比较公正、客观地确定项目相关人员的工作业绩和存在的问题，从而进一步提高他们的责任心和工作能力。

2. 项目后评价的类型

根据评价时间不同，后评价又可以分为跟踪评价、实施效果评价和影响评价。

（1）项目跟踪评价是指项目开工以后到项目竣工验收之前任何一个时点所进行的评价，它又称为项目中间评价；

（2）项目实施效果评价是指项目竣工一段时间之后所进行的评价，就是通常所称的项目后评价；

（3）项目影响评价是指项目后评价报告完成一定时间之后所进行的评价，又称为项目效益评价。

3. 项目后评价的内容

项目后评价是以项目前期所确定的目标和各方面指标与项目实际实施的结果之间的对比为基础的。村庄整治项目后评价的内容可视项目规模和评价目的确定。一般包括：项目目标评价、项目实施过程评价、项目影响评价、项目可持续性评价。

4. 项目后评价的步骤和方法

（1）项目后评价的步骤

1）提出问题；

2）筹划准备；

3）深入调查，收集资料；

4）分析研究；

5）编制项目后评价报告。

（2）国际通用的后评价方法

1）统计预测法

统计预测法是以统计学原理和预测学原理为基础，对项目已经发生事实进行总结和对项目未来发展前景作出预测的项目后评价方法。

2）对比分析法

对比分析法是把客观事物加以比较，以达到认识事物的本质和规律并做出正确的评价。对比分析法通常是把两个相互联系的指标数据进行比较，从数量上展示和说明研究对象规模的大小，水平的高低，速度的快慢，以及各种关系是否协调。

3）逻辑框架法

逻辑框架法是将一个复杂项目的多个具有因果关系的动态因素组合起来，用一张简单的框图分析其内涵和关系，以确定项目范围和任务，分清项目目标和达到目标所需手段的逻辑关系，以评价项目活动及其成果的方法。

4) 定量和定性相结合的效益分析法
5. 项目后评价报告
项目后评价报告是评价结果的汇总，是反馈经验教训的重要文件。内容包括：摘要、项目概况、评价内容、主要变化和问题、原因分析、经验教训、结论和建议、基础数据和评价方法说明等。

后评价报告必须反映真实情况，报告的文字要准确、简练，尽可能不用过分生疏的专业词汇；报告内容的结论、建议要和问题分析相对应，并把评价结果与未来规划以及政策的制订、修改相联系。

6.3 村庄整治工作档案

档案是一种信息，村庄整治工作档案不只是对村庄整治建设与管理活动的记载，更是村庄将来规划、设计、施工、维护和管理的重要依据。加强村庄档案管理是村庄整治中的一项重要基础性工作。

1. 村庄整治档案的管理范围

凡属下列资料都属于村庄整治档案的管理范围：

（1）乡（镇）相关部门应归档的资料：乡（镇）新农村建设办公室、规划建设管理所、国土管理所等相关部门应当根据自身职能将涉及村庄整治的各项资料，如村庄整治资金拨付凭证、村庄规划成果、村庄整治项目审批表格和质量验收文件分类集中归档。

（2）村庄整治点"一点一档"资料：包括村庄整治基础性资料如农户自主申报表、建设协议书、基本情况调查表等；村庄规划编制资料包括村庄规划成果，村庄规划过程中征求意见、会议讨论、认证评审等有关记录以及修编情况等；建设项目资料包括农户建房、基础设施、公共设施建设形成的设计图纸、审批表、招标文件和合同、质量进度记录等资料；资金使用资料包括理事会资金使用账目、资金拨付和物质发放凭证等；以及整治点村民理事会资料和村民代表大会记录、决议、公示等。"一点一档"资料应当县、乡、村各存一份，必要时也可实行"村档乡管"。

2. 村庄整治档案的使用管理

（1）建立健全整治档案管理制度。村庄整治档案的管理工作，是项经常性工作，不仅要有人管，还要按照制度管。要明确档案收集办法，及时整理归档。整理归档后要有专人负责管理，建立查阅档案制度，查阅档案必须有记录，既要满足日常建设、管理的需要，也要保障档案材料的安全和完整。

（2）逐步实现电子化档案管理。对于村庄规划成果、村庄整治点整治建设资料、村庄整治项目设计图纸等重要档案，乡镇及有条件的村庄要逐步实行村庄整治档案的电子化管理，避免因管理人员调整导致重要档案的丢失。

住房和城乡建设部《关于建设全国扩大农村危房改造试点农户档案管理信息系统的通知》（建村函［2009］168号文）中指出：完善农村危房改造农户档案制度，推进农户档案信息化，是加强农村危房改造试点管理的一项十分重要的基础性工作。要通过建立农村危房改造试点农户档案管理信息系统，按户登记、动态录入危房改造农户数据，实现对危房改造农户相关信息的快速查询、汇总数据的实时生成和有关统计指标的动态分析，及时掌握试点工作进展，有效监督政策执行情况，为完善相关政策提供依据。并强调要求建立及时准确的农村危房改造农户纸质档案表信息化录入制度。

表6-1为某县新农村建设村庄整治主要统计指标一览表。

新农村建设村庄整治主要统计指标一览表　　表6-1

项　　目		单位	整治前（现状）	整治后（规划）	拆除比率(%)	增量	备　　注
村庄人口		人					
村庄户数		户					
村庄占地面积		m²					
农房数量	正房	间					
	附属用房	间					包括棚草间
	危房	间					
农房面积	正房	m²					
	附属用房	m²					包括棚草间
	危房	m²					

续表

项目		单位	整治前（现状）	整治后（规划）	拆除比率(%)	增量	备注
道路	村内干道	m					硬化道路
	宅前小路	m					硬化道路
供水管线		m					
排水沟渠		m					注明明沟、暗沟或管道
化粪池		m²					
公共水塘		m²					
医疗卫生点		m²					
集中沼气池		m²					
闲置空地		m²					含自然状况与绿化用地
集中畜禽圈舍	牛、羊栏	m²					
	猪圈	m²					
	其他	m²					
公共活动中心	村委会	m²					
	祠堂	m²					
	文化活动室	m²					
	党建活动室	m²					
	其他	m²					
公共广场		m²					
公共厕所		m²					
垃圾收集桶数量		个					
垃圾处理设施占地		m²					备注内应说明处理方式
古树名木		棵					
绿地		m²					
村庄总用地面积		ha					
人均建设用地		m²					
整治前后节约用地		m²					
其他							非常规整治项目

http://www.gxcic.net/gxxnc/shownews.asp?newsid=25

7 村庄基础设施使用与维护管理

7.1 村庄基础设施的使用年限

每种基础设施从设计、施工、使用到最终拆除，都有一个生命周期，见图7-1。其中使用年限是指从建成后投入使用到不需大修即可按其预定目的使用的时间。居住房屋的设计使用年限为50年，道路的设计使用年限一般为5~15年。但并不是到了设计使用年限的基础设施就不能使用了，结构材料性能良好、施工质量高、使用和维护符合要求的基础设施只要定期进行检查、必要的维修，还可以继续正常使用。过去的老房子，实际使用年限超过50年，达到100年，甚至200年的都有，国外100年以上的房子及市政设施非常多见。

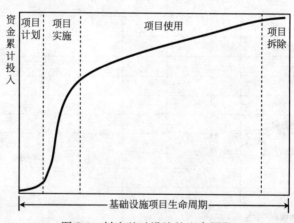

图7-1 村庄基础设施的生命周期

延长基础设施的使用年限是最大的节约。有关机构统计显示，我国住宅寿命平均只有30年左右，不少20多年的住宅就因为质量或者规划调整等问题而被拆迁，未达到设计使用年限即拆除在我国司空见惯,造成了极大的资源浪费,许多业内外人士对此痛心疾首。

这其中,有许多项目属于"献礼工程",为了在规定的时间内完成任务,不按规范要求进行施工,加上相关部门管理监督不到位,施工质量难以保证。更有一些由于偷工减料等原因造成的施工质量低劣的"豆腐渣工程",不仅严重影响了基础设施的寿命,还带来了严重的安全隐患。

农村基础设施建设总量大、等级低、投资少,但不等于质量差、隐患多、寿命短。在建设中应遵循"充分利用现有资源,合理修建,避免一些不必要的浪费"的原则,将有限的资金用在提高基础设施的使用寿命上。

进行基础设施项目决策时,除考虑-尽量节省建设资金的同时,还应从基础设施全生命周期的角度,考虑降低全生命周期成本。建设项目全寿命周期成本是建设项目在其生命周期内发生的所有费用之和,它既包括工程勘查设计、施工的费用,也包括建成后的使用、维修和报废过程中发生的费用。见图7-2。如果为节省资金而降低道路的建设标准,就会导致建成后维修费用的大幅度上升,从而使全生命周期总成本上升。

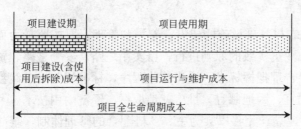

图7-2 项目全生命周期成本

对于住房来说,造价低保温效果差的房屋,在整个使用期的几十年内,冬季采暖和夏季空调的费用可能比建造时墙体增加保温层的一次性费用高出很多。

7.2 村庄基础设施使用管理与维护

基础设施的维护保养费用随着时间的增长越来越高,而其使用功能却逐年降低,见图7-3。如果没有正常使用以及缺少维护,这一过程会大大加速,不能达到设计使用年限。

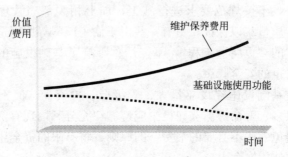

图7-3 农村基础设施使用功能与维护费用随时间的变化

目前,村庄整治项目存在着明显的重建设、轻管理的现象,往往在兴建时各级各部门都比较重视,但建成后确不太注重管护工作。造成很多基础设施没有合理使用,日常维护管理更是严重缺乏,严重地影响了村庄基础设施的正常使用,大大降低了基础设施的使用寿命。

保证基础设施使用功能和延长基础设施使用寿命的途径与方法有以下几点:

(1) 农村基础设施的建设、养护和管理,要按照量力而行、实事求是、注重实效的原则进行,修实用之路、安全之路、资源节约之路。要合理把握标准,适当简化程序,标准规范以及线型选择等要因时制宜、因地制宜,推广就地取材、经济耐用技术。

(2) 建立、完善以县为主、乡村配合的管理体制,统一规范管理机构,市设农村管理处,县设农村管理站。健全养护机构,完善养护模式,推行专业养护与群众养护、常年养护与季节养护相结合的养护方式。

(3) 农村基础设施主管部门和运行单位应制定各村建立管护长效机制,制定道路、花草树木、各种管网等管理办法,聘请专职农村基础设施管理人员,落实责任,落实经常性维修资金,同时镇村两级定期进行检查,切实加强设施的运行管理和日常维护,确保农村基础设施的长久使用。

(4) 按照"谁受益、谁负担、谁保养"的原则。充分调动广大农民投资建设和管好农村小型基础设施的积极性,使农村基础设施真正走上平时有人管、坏了有人修、更新有能力的良性轨道,确保农村和农民长期受益。如在农村公路建设中,可采用"修建一条、管养一条、管养并重"的方法进行建设和管理。

(5) 建立新农村建设管理奖励机制,对新农村建设各项设施管理维护效果好的村给予奖励。把各村新农村基础设施建设管理维护情况直接与村干部政绩挂钩。并实行奖励政策。

例如:为了巩固农村公路建设成果,加强和规范农村公路养护管理工作,河南省焦作市西虢镇制定了《西虢镇农村公路日常养护管理办法》,具体规定如下。

西虢镇农村公路日常养护管理办法

为巩固我镇农村公路建设成果,加强和规范农村公路养护管理工作,促进我镇经济、社会事业建设持续、快速、健康发展,依据上级部门关于农村公路管理养护体制改革的有关要求,结合本镇实际,制定本办法:

一、组织机构

(一)镇政府负责本辖区乡道的管理养护,指导村道养护,协助做好过境县道的养护和路政工作,镇道路管护站是镇政府农村公路管理养护工作具体办事机构,由×××任站长。

(二)各村委会主任为本村范围内农村公路管护第一责任人,负责具体组织村道养护,并落实镇对道路管理养护工作的有关要求。

(三)成立由主管×××为组长,各村委会主任为成员的养护工作检查小组,对全镇日常养护工作进行定期检查考核。

二、日常养护形式

(一)乡道由镇政府选聘乡道沿线农村居民进行日常养护,人员由镇管护站进行直接管理。

(二)村道由村委会按照自治章程中的村道管护制度进行管理,可采用协会组织义务养护形式、村集体财力允许的,聘专人养护形式,鼓励采用家户责任养护形式(即:村道在村民家户房前、屋后或田地通过的,即由该户村民负责养护村道的通过路段)。

三、养护人员职责

(一)对责任段道路(含桥涵)进行清扫,清除路面、路肩堆积物,整修路肩、边坡,疏通排水沟。

> （二）对责任段道路（含桥涵）进行巡查，制止侵害路产、侵犯路权行为，发现问题，及时上报。
> （三）看护道路标志，对倾斜、污损标志进行维护、擦洗，损坏严重或有缺失及时上报。
> （四）按照有关规定看护行道树。
> （五）参与道路集中养护维修施工。
> （六）按要求参加工作例会，按时上路，接受出勤管理。

http：//www.mengzhou.gov.cn/zfxxgk/showArticle.asp? Articleid=7455

7.3 村庄基础设施维护费用

维护费用是指为保证基础设施的正常使用所需的劳务费、材料费、工具使用费和动力（电、燃料等消耗费用）费。

目前，村庄整治各项建设资金主要用于初次投入，相关设施的后期维护缺乏保证，特别是文体设施等。

在确定维护费用投入模式时，应首先根据农村基础设施的属性和功能，确定项目属于纯公益性、准公益性还是经营性项目。

凡属于纯公益性的项目工程，社会效益很好，但没有经营性收入的，日常维修养护费用和工程更新改造费用应以政府投入为主。应逐步建立稳定的资金渠道，特别是要落实地方政府责任。财政部门应根据上年度相关工程进展情况，按项目建设进度逐年增加维护资金。其中，饮用水、道路设施等项目，每年应设置维护专项资金，滚动使用，不足部分下年度市财政给予补足，镇（街道）根据市财政补助资金情况相应配套补助资金。

积极探索建立多种形式的农村基础设施管护体制和运营方式，鼓励采取承包、租赁、拍卖、转让等形式，明确小型基础设施管护责任。

农村基础设施维护费用可实行"市（县）以奖代补、镇（街道）配套，向村、户（含企业）适当收取"的办法筹集。

8 村庄整治协调机制与民主管理

8.1 村民的主体地位与权益

8.1.1 村民在村庄整治中的主体地位

图 8-1 长冈乡仁塘村秀溪理事会成员和村民在一起
商量如何在新农村建设中长期保持村容卫生和卫生费收取问题

农民是国家的主人，而不是被治理的对象。但是在相当长的时期里，从制度操作层面没有很好地保证农民的政治主体地位，农民长期处于依附和依赖的地位，农民的事情任由国家和集体大包大揽，在某种程度上丧失了为自己"当家作主"的权利，缺乏必要的自主性、主动性、开放性和创造性，缺少必要的竞争压力和利益驱动力，这也是导致了目前较大的城乡差距的原因之一。只有充分发挥农民在村庄整治中的主体地位，让农民成为村庄整治的实践主体和主要推动力量，才能激发他们的热情，使他们真正成为村庄整治主动、积极的参与者，为改善农村的人居环境提供不竭的智慧与力量，也只有这样，才能真正实现新农村建设的宏伟目标。

新农村建设的实质就是将以小农经济为基础的、专业化分工不发达的传统农村，转变为现代商品经济的、专业化分工发达的、以拥有现代观念的新型农民为主体的现代农村。新农村建设要适应农业现代化的要求，不断提高农村的市场化程度、提高农产品的商品率，要求农民由传统的自给自足的个体劳动者变成从事企业化、规模化、集约化经营和劳动的现代农业的经营者和生产者。

照顾和保护农民的利益，尊重农民的主体地位，不仅关系到农民的创造主体作用的发挥程度，而且还影响着民众与国家的关系状况，乃至于民众对新农村建设的态度。把农民作为价值主体，最主要的是落实在对农民积极性和创造性的调动上，也就是说落实在把农民当作真正的创造主体上。

我国现代化的关键是乡村社会的现代化，只有农民参与到现代化实践中，特别是在新农村建设中发挥自身创造主体作用，同时又能分享到现代化建设的成果，"传统型"的墨守成规的小农意识才可能向"现代型"的进取开放的公民理念进化，成为现代化的人力资源。

8.1.2 村民在村庄整治中的权益

农民权益是指农民应享的权利与应得的利益。农民的权益包括农民的政治、经济和社会方面的权益，涉及很多方面，由于农民的弱势，农民权益流失已是不争的事实。在村庄整治中，我们不仅要维护农民权益，保证农民权益不受侵害，还应注重农民权益的建设，扩大农民的权益范围。

农民问题的实质是农民权益问题。农民权益的保护和拓展直接关系到我国改革、稳定、发展的大局，没有农民权益的巩固和拓展，就没有也不可能有政局的长期稳定和社会的持久和谐。

8.1.3 村民自治的内容与意义

1. 村民自治的主要内容

村民自治就是广大村民在村民委员会的带领下，实行自我管理、自我教育、自我服务。在实践中学习和掌握管理村务的本领，依法办理自己的事情，创造自己的幸福生活，是一项国家治理农村基本社会政治制度。

实行村民自治是维护农民权益的制度保证。根据《村民委员会组织法》(1998年11月4日第九届全国人民代表大会常务委员会第五次会议通过)，村民自治的主要内容可概括为：村民自治的组织形式是村民会议基础上的村民委员会。村民委员会的设立、撤销和范围调整，必须经村民会议讨论同意。村民委员会由村民直接选举产生。村委会向村民会议负责并报告工作，村民会议有权罢免村委会成员。村民会议讨论决定涉及村民利益的重大事项；并制定和修改村民自治章程、村规民约。村委会实行村务公开制度。

民主选举、民主决策、民主管理、民主监督是村民自治的核心内容，见图 8-2。

(1) 民主选举。由本村由选举权的村民依照法律、法规规定的程序，直接选举村民委员会主任、副主任和委员，真正把村民群众拥护的思想好、作风正、有文化、有本领、真心真意为群众办事的人，选进村民委员会领导班子。村委会干部由村民直接选举产生是村民自治最重要也是最直

图 8-2 村民自治的主要内容

观的特征，尽管在村民自治的实际选举中问题很多，但人民直接选举的制度特征和模式已逐渐深入人心。

(2) 民主决策。凡涉及全体村民利益的事项和村中的重大问题，都要提请村民会议或村民代表会议讨论决定，按多数人的意见办理。民主决策是村民自治的保证。

(3) 民主管理。民主管理是指对村内社会事务、经济建设、个人行为等，通过村民自己讨论制定的规章制度进行管辖和治理，也是一种群众参与下的多数人管理多数人的管理。

(4) 民主监督。村里的重大事项和群众普遍关心的问题，都要向村民公开，由村民会议或村民代表会议评议村委会成员，村委会定期向村民会议或村民代表会议报告工作，接受村民的监督。实践

证明,民主选举是村民自治的基础。

2. 村民自治的意义

村民自治与以往全能主义体制下的动员型参与完全不同,它具备了协商型参与和妥协型参与的若干特点。它在当代中国政治发展中的作用和意义,目前还主要表现为,它是中国社会主义民主政治的"生长点"。它不是完全意义上的现代民主,但它可以锻炼和训练数以亿计的人民群众,可以有力地影响城市的基层民主建设,可以向那些怀疑中国人民有普遍实行民主的能力的人,向不相信现代民主的伟大社会作用的人,展示民主的宝贵的社会功能。

村民自治是我国全社会参与人数最多,规模最大的群众自治和基层直接民主运动。把村委会职能充分发挥出来,可以说使九亿农民受到了民主的训练和体验,使每个村民养成民主生活的习惯,提高农民的民主政治素质和参政议政能力,这是最广泛的民主,是国家政治体制的一项重大改革,村民自治是党领导下的依法自治,是把依法治国的基本方略落实到农村基层的实际步骤。如果每一个村委会都能做到依法自治,凡关系到农民群众利益的事,由群众当家、依法办理,这就为发展我国社会主义民主政治、实行依法治国奠定了牢固的基础。

3. 村民自治中易出现的问题

在农民中也存在着政治冷漠和参与积极性偏低的现象。部分农民受经济、文化水平和政治意识的限制,不想参与、害怕参与。村民自治的制度构建上还有种种缺陷。有些地方的村民自治几乎就等同于上级民政部门和乡镇政府组织的选举,选完后上级干部走了,一切又恢复原样。有的地方的村民自治不能有效地保障村民的日常参与和监督。

8.2 政府责任与协调机制

8.2.1 村庄整治中政府的责任

各级政府是村庄整治的领导者、组织者、设计者和协调者,应充分发挥政府主导的作用，正确把握角色定位和工作职责，切实履行农村公共事务管理和服务职能。

（1）广泛宣传发动。应把宣传群众、发动群众、组织群众、依靠群众贯穿于村庄整治的全过程，充分利用广播、电视、报纸、网络等媒体，采取入户宣讲、现场参观等农民群众易于接受的形式，广泛宣传发动群众，引导和动员广大群众自觉投身到村庄整治中。

（2）加大资金投入。各级政府应加大公共财政投入，将村庄整治资金列入政府年度财政预算，集中用于村庄道路、供水、垃圾处理等基础设施和医疗、教育、社区服务等公共服务设施建设。为强化资金投入效益，可设立新农村建设或村庄整治专项资金，对分散在各部门的涉农支农资金和项目进行统筹安排和集约投放；还可采取"六个一点"（即各级政府投一点，涉农资金捆绑倾斜一点，受益群众出一点，包扶单位助一点，社会各界捐一点，政策优惠减一点）的办法多渠道筹措资金。

（3）动员社会参与。动员和引导社会力量参与和支持村庄整治，是加快推进村庄整治的有效方式。比如动员有实力的企业、社会知名人士结对帮扶村庄整治点；开展村庄整治指导员、志愿者行动，发挥其技术特长；鼓励企业、工商户、个人为村庄整治捐资捐物等，努力营造全社会支持村庄整治的浓厚氛围。

（4）编制村庄规划。村庄规划是指导村庄整治的先导和重要依据。各级政府应把村镇规划经费列入本级财政预算，由政府拨出专项规划资金，免费为村庄和农户建房提供规划。要明确乡（镇）人民政府是村庄规划编制工作的责任主体，负责组织村庄规划的编制、评审、报批和监督实施等工作。县级规划主管部门负责村庄规划编制的技术支持和质量把关，指导和参与评审。国土、水利、林业、农业等其他部门根据自身职能积极参与。

（5）完善基础设施。政府有限的财力应当优先解决农民最迫切需要解决的基础设施建设问题。如行路难、饮水难、上厕难和环境脏乱差问题。有些地方实施了"三清三改"（清垃圾、清污泥、清路障、改水、改路、改厕）和"一拆一分一绿四普及"（拆除"空心房"，实施人畜分离，做好村庄绿化，普及沼气、普及太阳能、普及电话、普及有线电视），使农户能够"走平坦路、喝干净水、用卫生厕、住整洁房、看卫星台"。完善基础设施还包括完善农村医疗卫生、商贸、教育、文化、体育、通信等公共服务设施，延伸行政、法律等方面的服务，建设新型农村社区。

（6）强化实施监管。各级政府特别是县、乡政府应当明确村镇规划建设管理机构，落实人员责任和经费。应当完善村镇建设管理机制，如制定"规划一张图、审批一支笔、建设一盘棋、管理一个法"的制度，严厉查处村庄"开天窗"、占用耕地等各类违法违规建设行为，把村庄规划建设管理纳入规范化、制度化轨道。

8.2.2 村庄整治工作机制的建立

村庄整治工作要建立"政府主导、农民主体、干部服务、社会参与"的工作机制。

政府主导，就是充分发挥政府的组织优势和政策导向作用，切实履行农村公共事务管理和服务职能，强力推动村庄整治。

农民主体，就是尊重和突出农民主体地位，让农民担当村庄整治的决策主体、实施主体、投入主体和受益主体，最大限度调动和发挥农民的积极性、创造性。

干部服务，就是切实转变政府特别是县、乡政府职能，同时下派村庄整治工作队，组织党员干部深入基层服务指导，转变干部作风，发挥各级干部的引导、组织和带头作用。

社会参与，就是动员组织各行各业、社会各界尽其所能为村庄整治提供支持和服务，形成全社会支持、关爱、服务村庄整治的浓厚氛围，使村庄整治成为全社会的共同行动。

在村庄整治项目推进中，就是要建立"统一扶助标准，群众自主申报，择优选择定点，实行以奖代补，村民自主建设，坚持技术标准，实行动态管理"的工作机制。"统一扶助标准"，就是政府根据本地农村实际和自身财力状况，确定建设项目及补助标准，并向社会公开。"群众自主申报"，就是建设项目搞与不搞，由村民理事会召集村民集体商议后自主决定。"择优选择定点"就是政府在申报的村庄中依据群众积极性、前期准备条件等因素择优选择定点，分批推进。"实行以奖代补",就是政府的各项扶助,采用发放水泥等实物方式给予补助。对某些不方便补助实物的,则以现金奖励的方式扶助村民。"村民自主建设",就是各类建设项目的施工、招标、管理、监督均由村民选出的理事会具体执行,政府给予指导和监督。"坚持技术标准",就是政府及有关部门对项目建设按技术标准组织验收,不符合标准的将减扣直至撤销补助。"实行动态管理",就是各建设点确定后,如该村没有积极性不能按要求组织实施,政府将暂缓扶助该点,将补助转给其他村。

8.2.3 部门的协调与配合

1. 统筹部门力量

村庄整治是一项系统工程,必须加强组织协调,统筹部门力量,才能整体推进。要将村庄整治纳入政府重要议事日程和新农村建设的重要内容来抓,自上而下建立强有力的组织协调机构。可以成立新农村建设或村庄整治工作领导小组,负责村庄整治工作的具体指导协调和督导,并将国土、规划、建设、农业、交通、水利、卫生、财政、发改委等涉及村庄整治工作的相关部门和群众性组织纳入进来,明确责任分工;应建立科学合理的考核评价体系,将新农村建设和村庄整治工作列入对部门单位领导班子和领导干部的年度考核,作为评价单位和干部工作政绩的重要内容之一。

2. 部门配合参与

村庄整治涉及领域多,覆盖面广,需要各相关部门的配合和支持,搞好服务,形成合力。有关部门应加强对村庄整治工作的服务与指导,在技术和资金、项目安排上加大对村庄整治支持倾斜力度。涉及行政审批职能部门的,要简化有关审批手续,提高工作效率,积极为村庄整治工作创造宽松环境,提供优质服务。其他单位也可结合实际开展挂点帮扶活动,指导挂点村庄开展村庄整治工作。特别是要注重发挥领导小组各成员单位的作用,国土部门要严格按照规划把好土地审批关,规划建设部门抓好村庄规划建设技术指导,交通部门抓好乡村公路建设,卫生、水利、农业部门抓好改水、改厕和沼气建设,财政、发改部门抓好村庄整治争资立项工作,供电、电信、广播电视部门抓好村庄通电、通信、通广播电视工作,金融部门抓好村庄整治资金贷款扶持工作,共青团、妇联等群众组织结合职能积极投身村庄整治。

8.3 村庄整治民主管理

8.3.1 民主管理与村民理事会

社会主义新农村建设特别是村庄整治,涉及广大农民群众的切身利益,直接关系到农民群众的生活改善和生产发展。在村庄整治中,农民既是受惠主体,更是建设主体。因此,必须充分发挥农民主体作用,村庄整治怎么搞,哪些项目先搞,哪些项目后搞都由农民说了算,实行民主管理,让农民享有知情权、参与权、管理权、监督权,使农民真正成为村庄整治的参与者、推动者。

在村庄整治中,民主管理必须找到有效的组织形式。实践证明,村民理事会是实现农民民主管理、发挥农民主体作用的有效载体,它在村庄整治中起到了村级党组织和村委会不可替代的作用。这种由农民民主推举、非盈利性的农民自治组织,最大限度地发挥农民自身的主观能动性,最大程度地反映了农民的需求和愿望,真正起到了"政府主张传递人,农民意愿代言人,矛盾纠纷调解人"的作用。

8.3.2 村民理事会

1. 村民理事会的成立

在村庄整治中,应该按照"一点一会"的原则,做到每个村庄整治点成立一个村民理事会。成立村民理事会应该在调查摸底基础上,由乡(镇)、村两委和驻村工作队共同商议,提出理事会成员包括理事长(或会长)的建议名单,或者由全体村民推荐提出候选名单,由村民委员会召集村民大会或村民代表会议进行投票表决,过半数同意者即可组成村民理事会。村民理事会成员一般由村中威望高、懂政策、有能力的老年人和有积极性的中青年组成,视村庄大小设理事会长1人、理事3~5人。理事会长由理事会成员推选产生,对理事会和全体村民负责。

2. 村民理事会的性质

村民理事会是在村两委领导下的群众性自治组织,是新型的农村民间自治组织。它是沟通政府与村民之间最直接、最有效的桥梁和中介,是农村基层组织的延伸,是农村基层管理的新形式。它一方面宣传贯彻政府的意志和政策,另一方面又代表和反映村民的利益和要求,"解决了基层组织力量不足的问题,畅通了上情下达与下情上达渠道,为村民维护合法权益提供了制度保障,为落实群众监督提供了有效途径,为村庄公共设施的长效管理提供了组织基础"(汪光焘语)。

3. 村民理事会的职责

在社会主义新农村建设中,村民理事会的职责是协助做好村庄规划建设,承担新农村建设的组织实施,组织农民建设公共设施和实施公共管理,宣传贯彻党和政府的方针政策,引导村民文明守法、移风易俗、脱贫致富。就村庄整治而言,村民理事会负责组织发动村民开展村庄基础设施及公益事业的建设,负责村庄整治项目的资金监督、质量监控、矛盾调解以及社会公共事务管理等。

4. 正确处理村民理事会与村委会的关系

村民理事会是农民群众民主选举产生的自治性群众组织,不是村委会下设行政组织,它的主要职能是在村党组织、村委会领导和指导下自我教育、自我管理、自我服务、自我发展。村委会应加强对村民理事会的指导,指导和帮助村民理事会建章立制,加强村民理事会内部制度建设和自身规范管理,特别是建立健全村庄整治财务管理制度,防止出现理事会成员损坏村民集体利益的情况。在实际工作中要避免村委会与理事会职权划分不清、界定不清的问题,不得把村委会的行政职能转嫁给村民理事会,防止村民理事会职能行政化。

8.3.3 村民理事会章程

村民理事会章程是规定村民理事会办事规程和原则的文件,村民理事会所有成员都得共同遵守该章程。村民的相关活动，也要体现村民理事会章程的基本精神。村民理事会章程必须内容完备、结构严谨、明确简洁。以下是湖南省郴州市桂阳县板桥乡板桥村村民理事会章程。

板桥村新农村建设村民理事会章程

第一章　总则

　　第一条　为使广大村民积极发展生产，增加收入，搞好本村的社会主义新农村建设，经支村两委召开党员、村民小组长和村民代表大会讨论通过，成立本村新农村建设村民理事会。

　　第二条　理事会由热心公益事业又有一定组织管理和号召力的村民组成，其宗旨是化解矛盾、解决困难、协调管理、执行规划、履行村规民约、筹集资金，搞好本村新农村建设，达到"农村绿起来、村庄美起来、邻里和起来、农家富起来"的目的。

　　第三条　坚持"民主管理、群众受益"的原则，理事会成员不享有任何特权，入会自愿，出会自由。

　　第四条　理事会成员及其工作开展须遵守国家法律法规和村规民约，自觉接受乡党委政府、支村两委的领导。

　　第五条　理事会自 2009 年 2 月 18 日成立，办公地点设在村办公楼。

第二章　理事

　　第六条　本理事会成员从德高望重、责任心强、办事公道正派的本村老党员、老干部、退休老工人、退休老教师、老前辈、经济能人和中青年积极分子中推荐，经村民代表大会选举产生了刘大标、刘树成、刘柏友、刘汉祖、刘汉光 5 名理事，组成理事会。

　　第七条　理事享有下列权利：（一）参加理事会会议，并有表决权、选举权和被选举权；（二）有权对理事会的工作提出质询、批评和建议，进行监督；（三）有权建议召开理事会；（四）有退会自由权。

　　第八条　理事应承担下列义务：（一）遵守本理事会章程和各项规章制度，执行理事会决定；（二）宣传党和国家政策，做好村民工作，积极投身于社会主义新农村建设；（三）维护群众利益，保护公共财产；（四）对公共配套设施组织筹款，带头投工投劳；（五）合理使用筹款，督促施工进度，严格质量监督。

　　第九条　属下列情形之一，经教育无效者，经理事会多数通过予以取消其理事资格。

　　（一）不遵守本章程、内部管理制度，不执行理事会决议，不履行义务的；（二）违犯国家法律、法规，被依法惩处的；（三）违反村规民约，造成不良影响，经教育仍不思悔改的；（四）不珍惜筹款，胡乱开支的；对工程质量没有监督到位，造成

1000元以上损失的，取消理事资格，必须三分之二以上理事出席，并有出席理事半数以上的票数通过，方能生效。

取消理事资格，须结清其所有账务。

第三章　管理机构

第十条　理事会由理事5人组成，理事会选举理事长为刘大标，副理事长为刘树成、刘柏友，理事任期2年，可连选连任。

第十一条　理事会的职权：（一）组织召开理事会，或村公共设施建设一事一议会议；（二）制定本村发展规划、规章制度、公共设施建设等；（三）讨论决定理事入会、退会、除名等事项；（四）宣传动员群众进行新农村建设；（五）组织理事参加各种协作活动；（六）对外代表签订建设合同，督促建设工程进程，监管工程质量。

第十二条　理事会严格遵守各种报告制度，定期向村民代表大会、支村两委提出有关财务、工程进展报告。

第十三条　理事会实行充分协商一致原则，对村庄发展规划、工程建设、财务管理等重大事项由理事会集体讨论，并经三分之二以上理事同意方可形成决定。理事会由理事长主持，理事个人对某项决议不同意时，须将其意见记入会议记录。

第四章　财务管理

第十四条　本村新农村建设资金来源

（一）村民自筹资金和实物；（二）政府和有关部门的扶持资金；（三）部分村集体收入；（四）接受的捐赠款；（五）其他资金。

第十五条　理事会运行管理过程中的费用开支范围严格执行有关财务、会计制度，计入成本。费用开支范围主要包括：

（一）规划设计费用；（二）公共设施建设工程费用；（三）日常办公费；（四）理事误工费；（五）其他正常支出。

第十六条　理事会在每月（或每一季度）初将上月（或上一季度）财务收支情况向群众公布一次，并及时解答村民提出的问题。理事会须于每年1月31日前向支村两委、小组长和村民代表大会提供上年财务状况变动表等，同时提出下年的财务支出预算，交大会讨论，通过后执行。

第五章　附则

第十七条　理事会理事长、理事发生变动时，须报乡政府主管部门和支村两委，同意后办理变更手续。

第十八条　理事会遇到下列情形之一时，经理事大会决定，报乡主管部门批准后，予以解散。

（一）人数少于5人，并且无法开展正常活动；（二）三分之二成员要求解散或重组。

第十九条　在批准解散或重组后，支村两委在10天内向村民宣布解散或重组。

> 第二十条 本章程未尽事宜，理事大会讨论修改，三分之二以上理事通过有效。
>
> 第二十一条 本章程由成立理事大会表决通过后生效，报主管部门备案。
>
> 第二十二条 本章程有关条款若与国家布的法律法规抵触；应按国家有关法律法规进行修改。

http://61.187.251.91/gyx/showArticle.asp?ArticleID=8117

8.3.4 村民理事会的工作机制

(1) 宣传发动机制。在开展村庄整治前，理事会应联合乡（镇）、村两委、驻村工作队一起开展村庄整治工作宣传，争取绝大部分农户同意开展村庄整治工作。在深入调查摸底的基础上，广泛听取农户对村庄整治的意见和建议，明确村庄整治项目规模和建设时序，制定项目投资预算和实施方案，并召开全体农户大会讨论。讨论通过后，理事会根据有关政策和农户要求，与农户逐一签订村庄整治事项协议，确定建设项目、工程量、投劳筹资、资金物资奖扶、时间要求等内容。

(2) 民主决策机制。理事会应建立"一事一议"的议事规则，对于村庄整治项目应不应搞、如何搞、搞多大规模、应不应向农民筹资等等，都应一事一议，召开村民大会或村民代表会议来民主讨论、民主协商、集体决定，然后再由理事会来执行，真正做到民主决策、透明理事。

(3) 项目管理机制。理事会应建立严格的项目管理制度，应针对村庄整治项目，设立资金筹集组、资金监管组、建设质量监督组等专门小组，专人专职负责管理建设资金、签订建设合同、督促工程进度、监管建设质量等，建设项目做到由理事会统一进料、统一管理、统一施工、统一付款。应建立公开透明的资金使用和管理制度，对于政府以奖带补、社会捐助和公共项目的筹资筹劳等款项，由理事会负责，实行专人管理；项目资金账目定期定事张榜公布，及时公开，接受群众监督。

(4) 监督管理机制。理事会应通过制定各类村规民约和管理制度,以切实加强村庄公共事务、公共设施维护的监督和管理。各项制度经村民大会讨论通过后,必须坚决执行。在环境卫生保洁管理上,理事会可制定村庄环境卫生公约,与农户签订"门前三包"协议,开展"文明户"、"卫生户"评比,聘请村庄卫生保洁员统一将垃圾清运至村庄垃圾池,有条件的村庄再由乡镇转运至垃圾处理场进行集中处理。在村庄规划执行和农民建房的监督上,制订执行规划的村规民约,理事会中可指定一名专人为村庄规划监督员,及时发现并制止违法违规建房行为,确保严格按规划实施建设。

9 村庄整治村民意愿调查

9.1 民意调查

民意调查是一种了解民众对某些政治、经济、社会问题的意见和态度的调查方法,以人们的意见、观念、习惯、行为和态度为调查的主要内容,通过调查精确反映民意,为制定决策提供基础数据和资料。

民意调查必须遵循科学性和客观性的原则。也要考虑到民意调查的时空性,综合分析和评价,保证民意调查的有效性。

一次完整的民意调查要依次做好以下工作。

1. 明确调查的目的。只有目的明确,才能使调查切合所要研究的主题,才能使调查能够服务于村庄整治工作。

2. 选择调查方法。需要结合调查目的、预期获得的资料等,综合考虑实际情况,选择合适的调查方法。

3. 确定调查对象。包括被调查者、被调查村庄和调查路线的设计等。被调查对象直接关系到调查资料的价值,调查路线则影响到调查效率和费用。

4. 调查问卷的设计。既要考虑调查目的和调查对象等,也要使获取的资料便于分析。调查问卷设计的成败直接关系到整个民意调查的成败。

5. 人员组织与调查费用。参加民意调查的人员要进行合理的安排,使调查员各司其职,提高工作效率。同样,调查费用也要做好预算,合理安排,避免影响调查工作的正常进行。

6. 调查的组织与协调。指调查之前根据需要与当地政府进行沟通协调,以获取相关背景资料并保证调查的顺利进行。

7. 实施民意调查。这是民意调查工作的主体部分。这一过程将获得所需的绝大部分资料。

8. 资料整理与分析。根据研究目的,运用科学的方法对调查的文字资料和数字资料进行整理分析。这一工作的深度影响到一次调查的有效性,是调查数据发挥作用的关键,是得出结论、指导决策的基础。

9. 调查报告。是一次民意调查的最终成果。一次民意调查的成败,是否达到预期目的,能否指导实践、决策,都将由调查报告来表现。

9.2 村庄整治民意调查方法

民意调查方法包括:问卷调查法、实地调查法、电话访问法、专家意见法、拦截访问、留置访问、网上访问、观察监测访问等。本章重点介绍问卷调查法、实地调查法、传统电话访问以及专家意见法四种常用的民意调查方法。

管理-11 村民意愿问卷调查

定义和目的:

亦称"书面调查法",或称"填表法"。用书面形式间接搜集研究材料的一种调查手段。问卷调查是根据调查目的,设计好一系列提问组成问题表,由被调查者回答,最后对回收的调查问卷进行统计分析而得出结论。

技术特点和适用情况:

问题能紧扣研究主题,问题固定,有利于资料的整理分析。

适用于问题与答案固定、易于分组,描述性问题不多的调查。各区域村庄适用。

技术的局限性:

问题及答案较固定,不易根据调查实际情况随时做出调整。

标准与做法:

1. 问卷调查的形式

对于范围不大的调查一般采用直接发送问卷。由研究人员把调查表发给集中在一处的一群调查对象。要求他们当场填写后直接收回。

2. 调查问卷的设计

(1) 问卷设计的基本程序(见图 9-1)

图 9-1 问卷设计的程序

问卷的设计步骤：①确定调研目的、来源和局限；②确定数据收集方法；③确定问题回答形式；④决定问题的措辞；⑤确定问卷的流程和编排；⑥评价问卷和编排；⑦获得各相关方面的认可；⑧预先测试和修订；⑨准备最后的问卷；⑩实施。

(2) 问卷的基本结构

第一部分前言。这部分应该讲明白这次问卷调查的目的、意义、简单的内容介绍。文字须简明易懂。一般是要求回答者如实回答问题，最后要对回答者的配合予以感谢，并且要有调查者的机构或组织的名称，调查时间。

第二部分主体。这是问卷的主要部分，包括调查的主要内容，以及一些答题的说明。一般把问卷的主体又分为被调查者的背景资料，即关于个人的性别、年龄、婚姻状况、收入等问题，以及调查的基本问题。出于降低敏感性的考虑通常把背景资料的问题放在基本内容的后面。因村庄整治调查的对象是农村村民，这些问题的敏感性较低，也可以把这一部分放在前面。

第三部分结语。这部分是调查的一些基本信息，如调查时间、地点、调查员姓名、被调查者的联系方式等信息的记录。最后还要对被调查者的配合再次给予感谢。

(3) 问卷设计中的问题

一份好的调查问卷应做到：内容简明扼要，信息包含要全；问卷问题安排合理，合乎逻辑，通俗易懂；便于对资料分析处理。

在问卷设计前我们应该明确调查的对象，问题的设计必须符合他们的习惯。一方面设计应尽量符合地方的语言习惯；另一方面对地方的整体情况及调查的背景资料应该有全面的了解。问卷调查可以根据调查的难度、被调查者的文化水平、研究者设计问题复杂程度等采取自填式或采取访问式调查。

问卷设计中需要注意的问题：

① 问卷中不能使用学术化语言，也不能用官方语言，语言必须贴近被调查者的生活。

② 问卷中的问题必须保持中立，不能提问带有倾向性的问题。提问不能有任何暗示，措词要恰当。

③ 问卷问题不能引起回答者的焦虑。

④ 一个问题只提问一个方面的情况，否则容易使回答者不知如何作答，得不到明确的答案。

⑤ 题支设计合理。这包括设计的答案应处于不同维度且全面概括。

⑥ 问卷不宜过长，问题不能过多，一般控制在 20min 左右回答完毕。

⑦ 要注意被调查者的文化程度，确定其能够了解并完成问卷的内容。

(4) 问卷设计中的一些技巧

① 问题顺序的排列。问卷的问题应该有合理的顺序，一般先提出概括性的问题，逐步启发被调查者，做到循序渐进。把简单易懂的问题放在前面，把复杂的问题放在后面，这样容易得到被调查者的配合；把能引起被调查者兴趣的问题放在前面，把枯燥的问题放在后面；一般性问题放在前面，特殊性问题放在后面；先问行为方面的问题，再问态度、观念性问题；同类问题放在一起，这样回答者容易回答；开放性问题，即完全由被调查者自己回答，没有备选答案的问题放在后面。

② 题目可以设计成半封闭半开放式。即在备选题后再加一项"其他"并要求选这一项的回答者说出内容。这样可以弥补设计时的遗漏，而且在调查中往往会遇到预料不到的情况，半开放式问题能给出调整空间。

③ 涉及农民收入的问题一定要注意。因为农民的收入是个很复杂也很模糊的问题，不同的农民有不同的标准。通常的处理方法是把收入细分，如把收入分成土地收入，工作收入，打工收入，饲养收入，生意收入等等。其中的每一项还可以区分为多个问题，如土地收入可以分为粮食收入，经济作物收入，果树收入，蔬菜收入等等。

④ 在问卷调查中，尽量不要以行政命令来派发问卷，这样获得的数据往往不真实。

⑤ 尽量不要要求被调查者留下姓名、住址等个人信息，这样往往会增加被调查者的顾虑，而不敢表达真实的想法。

⑥ 为了有利于数据统计和处理，调查问卷最好能进行编码，方便计算机读入，以节省时间，提高统计的准确性。

村庄整治调查问卷案例。

关于村庄整治项目的村民意愿调查问卷

说明：本套问卷属混合式快速调查问卷，许多问题的答案，可能涉及多个，如遇到这种情况，请按重要性排序回答；当所给提示仍不能满足回答问题时，请另行列出答案。

1. 您家的收入主要来源于_____。
   A. 农业　　　　　　　　　　B. 非农业（如工商业、服务业）

2. 自2004年以来，您村通过向农民集资或摊派搞过的公共设施建设项目有：_____。
   A. 道路建设　　　　　　　　B. 水利设施
   C. 饮水工程　　　　　　　　D. 小学或初中校舍建设
   E. 电网改造　　　　　　　　F. 架设电话线路
   G. 广播电视信号接收　　　　H. 医疗保险
   I. 医疗卫生设施　　　　　　J. 其他_____。
   K. 没有。

3. 您是否愿意为上述公益事业项目交钱_____。
   A. 愿意
   B. 不太愿意，但是看大家都交了，所以也交了
   C. 不愿意，但是干部一定要收
   D. 不愿意，所以没有交
   E. 不好说，要看情况而定

4. 您不愿意为上述公益事业项目交钱的原因是_____。

A. 不应该办此类项目

B. 该办此类项目,但不该向农民收费

C. 该办此类项目,也可以向农民收费,但担心所收取的资金挪作他用

D. 缺乏农民对所收取资金使用的监督制度

E. 担心被干部挥霍浪费或贪污

5. 您认为下列项目中哪些项目可以向农民集资或收费:_____。

A. 本乡镇与其他乡镇之间的道路

B. 本乡镇所在地与本村之间的道路

C. 本村与其他村之间的道路

D. 全县或本县几个乡镇都受益的水利设施建设

E. 本乡镇所有村都受益的水利设施

F. 包括本村在内的部分村受益的水利设施

G. 仅本村受益的水利设施

H. 乡镇办初中或小学校舍建设

I. 联村办小学或初中校舍建设

J. 养老院、托儿所幼儿园建设

K. 乡镇医院

L. 村办卫生所(诊所)

6. 您认为村里的水利设施建造的方式应该是:_____。

A. 全部由村集体拿钱兴建

B. 村集体和乡镇政府共同拿钱兴建

C. 全部资金由村集体向村民收钱

D. 由村集体出部分资金,再向农民收取部分资金

E. 由村集体和乡镇出部分资金,再向农民收取部分资金

F. 由农民自发自己建造,按市场化方式运作,村集体和乡镇不必干预

G. 其他_____。

7. 您认为村集体现有的水利设施应该_____。

A. 卖给农户,由农户或联户自主经营

B. 卖给农户,但村集体对其经营进行必要的监督管理

C. 由村集体保留所有权,由农户或联户承包经营

D. 继续由村集体管理,按计划方式分配农户使用,不收取费用

E. 继续由村集体管理,按计划方式分配农户使用,收取少量费用

F. 由村集体管理,但按市场价收费

G. 其他_____。

8. 目前集体统一经营的水利设施运营费用筹措的方式是_____。

A. 全部由村集体经济组织统一支付

B. 设备、设施的维护费用及人工费用由村集体支付,使用费用根据使用量的多少由用户支付

C. 以所有费用加总计算的总成本为依据，根据使用量的多少进行分摊
D. 其他_____。
9. 承包经营的水利设施运营费用的筹措方式是_____。
A. 由承包者根据需求情况自主决定使用费用标准收取
B. 由集体制定统一的收费标准收取
C. 在一定使用数量范围内由集体制定统一标准收费，超过部分由承包者自行定价
D. 其他_____。
10. 由个人或其他组织出资建设的水利设施的使用费用收取方式是_____。
A. 完全由出资建设者根据需求状况自行定价
B. 由集体根据建设运营成本状况和受益范围的大小及不同的季节确定相应的最高收费标准和最低服务数量
C. 其他_____。
11. 现有道路的维护费用筹集方式是_____。
A. 从集体收取的农业税附加中统一列支
B. 从村提留中解决
C. 根据受益范围和受益程度向不同的受益人收取
D. 由集体企业分摊
E. 由村民集资解决
F. 其他_____。
12. 您认为村里的道路修建筹资渠道应该是：_____。
A. 全部由村集体出资兴建
B. 村集体和乡镇政府共同出资兴建
C. 全部资金由村集体向村民收取
D. 由集体出部分资金，再向村民收取部分资金
E. 由集体和乡镇政府出部分资金，再向村民收取部分资金
F. 其他_____
G. 出劳动工。
13. 您认为社区范围内的道路维护采取哪种方式最有效?_____。
A. 由村集体出资、村民出义务工的方式
B. 按一定的标准承包给相应的组织或个人
C. 其他_____。

管理-12 实地调查法

定义和目的：

实地调查有多种收集资料的方法，包括观察、访谈、收集文

件以及通过使用照相机和录像等工具记录的资料。其中观察和访谈是实地调查中收集资料的重要方式。

1. 参与观察也称为自然观察,它是指研究对象在自然的状态下研究者参与某一情境对研究对象进行观察。

2. 入户访谈指访问员到被访者的家中进行访问,直接与被访者接触,利用结构式问卷逐个问题地询问,并记录下对方的回答。

技术特点与适用情况:

直接与被访者接触,可以观察他(她)回答问题的态度;更严格的抽样方法,使样本的代表性更强;能够得到较高的有效回答率;实地观察、拍照和录像,保证材料的真实有效性。

技术局限性:

调查者需要具备社会学、心理学基本专业知识,必要时还需进行培训。

标准与做法:

1. 参与观察

在定性教育研究中,参与观察是研究的主要方法之一。进行参与观察的基本要求是:

(1)参与观察者的活动须有明显的自觉,记住场所中的活动,提高注意的层次。同时要明确观察的目的,有重点的观察、记录。

(2)参与观察者需要做较广角度的观察。

(3)参与观察者需要增进自己对情境的敏感度,以搜集丰富的资料。

(4)参与观察者需要做仔细的记录,记录客观的观察和个人主观的感觉。

2. 入户访谈

到农村进行入户访问调查,访问员是一个非常重要的角色,他们的服饰穿着、语气表情、询问方式、遣词用句都会影响到调查能否成功进行。要想获得成功的访问,就必须掌握一定的技巧。

(1)在最短的时间里获得信任

① 北方农村一般都是独门大院,且养着看家狗,对外来人警惕性也颇高。若没有请当地的向导,最好是站在门外喊门,等有人

应声了再进去。

② 衣饰着装要朴素,迅速拉近和农民的距离。

③ 进门时的自我介绍亲切、自然,营造轻松、和谐的气氛。不要畏畏缩缩,也不要高人一等。

④ 适当准备一点小礼品,如圆珠笔、笔记本、文化衫、钥匙扣等在农村还是很受欢迎的。

(2) 以对方一听就懂的语言询问问题

① 用普通话和农民进行交流。若在和农民交流的过程中能够使用当地语言,则能够消除农民的距离感,沟通起来会更加容易些。

② 用农民听得懂的语言和他们交流。不要使用一些专业术语、生僻字词。将专业问题用通俗的语言传递给农民。

③ 碰到受访对象没听清楚或没听明白时,要有耐心,并作好解释。

(3) 礼貌周到地结束访问

① 在所有信息都调查到手后离开,避免仓促。并再依次检查记录是否完整无误。

② 真诚表达感谢之情。

③ 若有必要,再次解释此次调查访问的目的。

④ 赠送小礼品。

图 9-2 为山东农大学生在四川地震灾区入户访谈。

图 9-2　山东农大学生在四川灾区入户访谈

管理-13 电话访问法

定义和目的：

传统的电话访问就是选取一个被调查者的样本，然后拨通电话询问一系列问题。调查员用一份问卷和一张答案纸，在访问过程中用笔随时记录下答案。

适用情况：

适用于电话普及的村庄，上一行政级向下一行政级了解某方面整体情况时的调查。

技术的局限性：

1. 调查的内容难以深入。
2. 访问的成功率可能较低。

标准与做法：

电话访问时，调查员要快速取得被调查者的信任，使其相信调查的真实性，提起被调查者对即将访问的问题的兴趣，并且要注意提问语气、措辞，不可急于求成、仓促提问，使被调查者产生抗拒心理。

电话调查的主要特点有：

1. 节约费用。
2. 节约时间。特别是对于一些需要尽快得到结果的调查。
3. 样本代表性强。可以访问到全省每一个市、县、乡村的对象。
4. 可能访问到不易接触的调查对象。例如，有些私营业主，面访调查是很难接触到的，但是利用随机拨号的方法，则有可能访问成功；又比如有些被访者拒绝陌生人入户访问或不愿接受面访，但却有可能接受短暂的电话调查。
5. 可能在某些问题上得到更为坦诚的回答。某些问题面访调查时可能回答不自然或不真实，但是在电话调查中则有可能得到比较坦诚的回答。
6. 易于控制实施的质量。由于访问员基本上是在同一个中心位置进行电话访问，研究人员可以在实施的现场随时纠正访问员不正确的操作，例如没有严格按问答题提问、吐字不清晰或语气太生硬等可能出现的问题。

7. 访问结果客观真实。由于访问过程可以同步录音，计算机能够自动记录被访者的电话号码，委托单位可以现场监听监看，也可以事后核查，所以扫除了访问作弊现象，且有证可依，调查结果能够得到认可。

管理-14 专家意见法
定义目的：
是指根据规定的原则选定一定数量的专家，按照一定的方式组织专家会议，发挥专家集体的智能结构效应，对村庄整治未来的发展趋势及状况、具体实施方案，做出判断，给出建议，为决策提供预测依据的方法。

适用情况：
适用于村庄整治中技术性、专业性问题的决策。

技术局限性：
1. 由于参加会议的人数有限，因此代表性不充分；
2. 受权威的影响较大，容易压制不同意见的发表；
3. 易受表达能力的影响，而使一些有价值的意见未得到重视；
4. 由于自尊心等因素的影响，使会议出现僵局；
5. 易受潮流思想的影响等。

标准与做法：
专家会议的人选应按以下三个原则选取：（1）如果参加者相互认识，尽量从同一职位（职称或级别）的人员中选取，领导人员不应参加；（2）如果参加者互不认识，可从不同职位（职称或级别）的人员中选取；（3）适当邀请一些熟悉当地情况、有实践经验的农村的能工巧匠；（4）参加者的专业应与所论及的问题一致。

专家小组规模以 10~15 人为宜，会议时间一般以进行 20~60min 效果最佳。会议中，专家们就村庄整治相关问题畅所欲言，交换意见，通过互相启发，弥补个人意见的不足；通过内外信息的交流与反馈，产生"思维共振"，进而将产生的创造性思维活动集中于预测对象,在较短时间内得到富有成效的创造性成果。

会议提出的设想要进行系统化处理,以便在后继阶段对提出的所有设想进行评估。

管理-15 专家问卷法

定义目的:

专家之间不互相讨论,不发生横向联系,只与调查人员发生关系,通过多轮次调查专家对问卷所提村庄整治有关问题或解决方案的看法,经过反复征询、归纳、修改,最后汇总成专家基本一致的看法,作为调查的结果。

适用情况:

适用于村庄整治发展方向的预测以及村庄整治各种评价指标体系的建立和具体指标的确定过程。

技术特点:

1. 吸收专家参与预测,充分利用专家的经验和学识;

2. 采用匿名的方式,能使每一位专家独立自由地作出自己的判断;

3. 预测过程几轮反馈,使专家的意见逐渐趋同;

4. 过程比较复杂,花费时间较长。

标准与做法:

1. 按照调查所需要的知识范围,确定专家。专家人数的多少,可根据预测调查的大小和涉及面的宽窄而定,一般不超过 20 人。

2. 向所有专家提出所要调查的村庄整治问题或方案及有关要求,并附上有关这个问题的所有背景材料,同时请专家提出还需要什么材料。然后,由专家做书面答复。

3. 各个专家根据他们所收到的材料,提出自己对于村庄整治问题的预测意见,并说明自己是怎样利用这些材料并提出意见的。

4. 将各位专家第一次意见汇总、对比,再分发给各位专家,让专家比较自己同他人的不同意见,修改自己的意见和判断。

5. 将所有专家的修改意见收集起来,汇总,再次分发给各位专家做第二次修改。逐轮收集意见并为专家反馈信息是专家问卷法的主要环节。收集意见和信息反馈一般要经过三、四轮。在向专家进行反馈的时候，只给出各种意见，但并不说明发表各种意见的专家的具体姓名。这一过程重复进行，直到每一个专家不再改变自己的意见为止。

6. 对专家的意见进行综合处理。

9.3 村庄整治民意调查数据整理分析

管理-16 民意调查资料整理

定义和目的：

资料整理主要是指对文字类的定性资料和对数字类的定量资料的整理。定性资料主要包括无结构式访问和观察的记录和以文字形式叙述的文献资料。定量资料是社会调查中最具价值的重要资料，主要是指所收集到的数字及其组成的图文，图表资料。另外，很多文字资料，在经过了审核，分类并赋予一定数值之后，也转化成了数据资料。

根据调查研究的目的，运用科学的方法，对调查所获得的资料进行审查、检验、分类、汇总等初步加工，使之系统化和条理化，并以集中、简明的方式反映调查对象总体情况。

技术特点与适用情况：

适用于任何方法的民意调查所获得的资料。

标准与做法：

1. 定性资料整理

定性资料的整理方法在通常情况下可划分为审查，分类和汇编三个基本步骤。

（1）审查

对不真实或不合格的调查资料，一般都应该进行重新核实或补充调查，使之成为真实的、合格的调查资料；在无法进行补充调查时，应坚决剔除，弃之不用，以免影响整个调查资料的真实性和科学性。

(2) 分类

文字资料的分类，就是根据文字资料的性质、内容或特征，将相异的资料区别开来，将相同或相近的资料合为一类的过程。

文字资料的分类有两种方法，即前分类和后分类。

前分类，就是在设计调查提纲和表格时，就按照事物或现象的类别设计调查指标，然后再按分类指标调查资料、整理资料。这样，分类工作在调查前就安排好了。如标准化访问的记录、问卷调查等大都采取前分类方法。

后分类，是指在调查资料搜集起来之后，再根据资料的性质、内容或特征将它们分别集合成类。如文献调查的资料。

(3) 汇编

汇编，就是按照调查的目的和要求，对分类后的资料进行汇总和编辑，使之成为反映调查对象总体情况的系统、完整、集中、简明的材料。

对分类资料进行汇编，首先，应根据调查的目的、要求和调查对象的具体情况，确定合理的逻辑结构，使汇编后的资料既能反映调查对象总体的真实情况，又能说明调查所要说明的问题；然后，要对分类资料进行初步加工。例如，给各种资料加上标题，重要的部分标上各种符号，对各种资料按照一定逻辑结构编上序号等。

2. 定量资料整理

定量资料整理的一般程序包括数字资料检验，分组，汇总和制作统计表或统计图几个阶段。

(1) 检验

检验有两个方面：检查应该调查的单位和每个单位应该填报的表格是否齐全，有没有漏单位或漏表格现象；检查每张调查表格的填写是否完整，有没有缺报的指标或漏填的内容。

检验有三种方法：①经验判断，根据已有经验来判断数字资料是否真实、正确；②逻辑检验，从数据的逻辑关系来检验数字资料是否正确、是否符合实际；③计算审核，通过各种数学运算来审核数据资料有无差错。

通过检验发现的各种问题，都应及时查明原因，并采取相应措施予以补充或更正。对于一切无法补充或更正的数字资料,都应该作为无效资料剔除不计,以免影响整个数字资料的真实性和准确性。

(2) 分组

分组就是按照一定标志,把调查的数字资料划分为不同的组成部分,以便能够反映各组事物的数量特征,考察总体内部各组事物的构成状况,研究总体各个组成部分的相互关系等。

分组的一般步骤是:选择分组标志,确定分组界限,编制变量数列。

① 选择分组标志

分组标志,就是分组的标准或依据。选择分组标志,是数字资料分组中的关键问题。因为,分组标志的选择是否正确,直接关系到分组的科学性。常用的分组标志有以下四种。

质量标志:按事物的性质或类别分组。例如,人口可按性别分为男性和女性,可按民族分为汉族和少数民族。有利于认识不同质的事物的数量特征,有利于对不同质的事物进行对比研究。

数量标志:按事物的发展规模、水平、速度、比例等数量特征分组。有利于从数量上准确认识客观事物,对不同数量特征事物之间的关系进行分析和研究。

空间标志:按事物的地理位置、区域范围等空间特性分组。有利于了解事物的空间分布状况,对不同地理位置、区域范围内的事物进行对比研究。

时间标志:按事物的持续性和先后顺序分组。有利于认识事物在不同时点或时期的变化,于揭示事物不断运动、变化、发展的趋势。

② 确定分组界限

分组界限,是指划分组与组之间的间隔限度,包括组数、组距(各组中最大数值与最小数值之间的距离)、组限(组距两端数值的限度)、组中值的确定和计算等内容。

③ 编制变量数列

数量标志中可以取不同数值的量,统计上称为变量。把数量标志的不同数值编制为数列,称为编制变量数列。选择分组标志、确定分组界限之后,就可编制变量数列了,即把各数量标志的数值汇总归入适当的变量数列表中。

(3)汇总

根据研究目的把分组后的数据汇集至有关表格中,并进行计算和加总,以集中、系统的形式反映调查对象总体的数量情况。

3. 核桃湾村村庄整治村民意愿调查资料整理实例

在编制监沂市核桃湾村村庄整治规划时,首先对村民的意愿进行了调查,调查表格式及调查结果见表9-1。

核桃湾村村庄整治村民意愿调查　　　表 9-1

序号	姓名	对沼气改造的想法	村庄环境最需解决的问题	村内需要什么公共设施
1		刚建未用过	全村一个井,自己接管子不现实,取水很不方便,水质尚可	自来水
2		不好用,需自己买粪,还要运费,沼气出气不易控制,放掉浪费	取水困难、道路不平	商店、客运(去县城要走好久才能坐到车)
3		新建未用	取水不方便	自来水
4		新建,没有粪		
5		不乐观	取水不方便	自来水
6		新建,没用,粪便材料需购买	垃圾处理	取水不方便
7		挺好,干净,缺点:自己买粪		
8		新建,未用,材料要花钱		水
9		没有,仅老人在家,不需要		吃水不方便
10		好用,但需要买粪,有时不上气不好办		取水设施

续表

序号	姓名	对沼气改造的想法	村庄环境最需解决的问题	村内需要什么公共设施
11		有时出气多有时出气少不好控制	垃圾处理，集中起来焚烧有味	取水设施、商店、杂货店、道路
12		很好，每年可以用7个月		
13		年前建好，能用半年多	山绿化不够，路不好，吃水不方便	取水设施、绿化、路
14		刚修未使用	取水难、路不平	取水设施、客运

从调查结果可以看出，村民对建设自来水系统的要求比较集中和迫切，应作为整治的重点。

管理-17 民意调查数据分析

定义和目的：

资料分析是运用科学的逻辑思维方法对社会调查所获得的资料进行研究、判断和推测，以揭示社会事物或现象的性质、特征与规律的过程。

技术特点与适用情况：

运用专业知识进行判断推理，结论可靠性高。

适用于各种方法的民意调查。

技术的局限性：

定量分析需要具备一定的统计学和社会学专业知识以及计算机技术操作能力。

标准与做法：

资料分析一般包括三方面内容，即定性分析、定量分析和理论分析。

1. 定性分析

着重于确定研究对象具有哪种性质及特征。其基本内容主要是识别属性，要素分析和归类。主要任务是：进一步明确概念的内涵和外延，对原来调查资料的分类以及所使用的概念，变量间关系做进一步的分析确认；根据整理后的调查资料，从定性角度对原定的研究假设和理论建构证实或证伪，或提出新的理论观点。

2. 定量分析

也叫统计分析，是运用统计学原理对资料进行定量的研究，判断和推测，以揭示事物内部数量关系及其变化规律的分析方法。它是当前最流行，最受重视也是最复杂的资料分析。需要掌握一定的统计学专业知识方可具体操作，这里仅作简单介绍。

统计分析按照性质可以分为两类，一类是描述性分析，另一类是推论性分析；按照涉及变量的多少，又可以分为单变量分析，双变量分析和多变量分析三类。

（1）描述性分析是对已经初步整理的数据资料加工概括，并用统计量及统计图对资料进行叙述的一种方法。主要包括相对数的计算、集中趋势、离散程度以及相关关系的测定。

集中趋势分析就是用一个代表值来反映一组数据在具体条件下的一般水平，了解现象总体分布的集中趋势。常见的集中趋势统计量有算术平均数、中位数和众数。

离散程度是指某一数量标志的各项数值距离它的代表值的差异程度，是反映总体标志数值分布的又一重要特征。常用的离散程度统计量有全距、四分位差、标准差等。

相关关系是指现象之间的一种不完全确定性的关系，即当一种事物的数量确定之后，另一种事物在数量上也会按一定趋势发生变化。按表现的形式不同，可分为直线相关和曲线相关。

回归分析，是对具有相关关系的变量之间数量变化规律进行测定，并确定一个与之相应的数学表达式，以此对因变量进行估计和预测的方法。

（2）推论性分析是在随机抽样调查的基础上，根据样本资料推论总体的一种方法。它主要包括参数估计和假设检验。

参数估计是根据随机样本的统计值，估计总体参数值。

假设检验，是对总体的某一参数做出某种假设，然后根据随机样本提供的信息来验证这一假设的可信性的一种数理统计分析方法。

3. 理论分析

它是资料分析的高级阶段和最终环节，主要是对调查得到的资料和统计得到的数据，以定性分析和定量分析为必要前提，依靠科学的逻辑思维方法进行系统化的理性分析并做出结论的一种思维过程。在社会调查研究中常用的有因果分析法，辨证分析法，比较法，系统分析法，逻辑证明法等。

4. 四川灾后重建调查资料分析实例

通过对什邡市红白镇、都江堰市向峨乡等 5 个乡镇 165 个村民组 738 位村民调查数据的统计分析，村民安置意愿的总体情况如表 9-2，图 9-3：

村民安置意愿总体情况　　　　　　　　　表 9-2

安置意愿	原址重建	村外镇内重建	镇外县内重建	县外省内重建	省外重建	省内城镇安置	服从安排	样本数量
百分比	82.75%	12.38%	2.23%	0.56%	0.56%	1.53%	0.42%	719

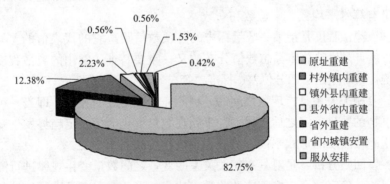

图 9-3　村民安置意愿总体情况

当问到若在本组/本村内安置，能够接受与原址的最远距离时，村民作出的选择总体情况如表 9-3，图 9-4：

村民能够接受的最远距离的总体情况　　　　表 9-3

最远距离	1km 内	1~2km	2~3km	3km 以上	样本数量
百分比	67.52%	13.23%	7.82%	11.43%	665

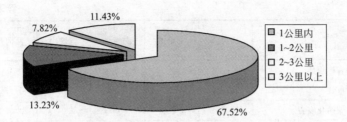

图 9-4 村民能够接受的最远距离的总体情况

上表可以看出,总的来说绝大部分的村民愿意原址重建,95.13%的村民选择在乡镇内重建。即使是在本村组内安置,也不希望搬离较远的距离,67.52%的村民认为能接受的最远距离是 1km 内。只有 11.43%的村民能够接受 3km 以上的距离。这在很大程度上是由于一种故土难离的情结,另外是村民对于自己生存的土地已经非常熟悉,生活空间、生产资料等已经形成了难以改变的习惯,不愿意搬离故土到较远的地方生活,对于在陌生的地方重新开始生活,开辟新的生存空间,探索新的生产资料,村民心里还存在着一定的恐惧和抵触。

与总情况表反映的结果相似,不论何种地区,大部分的村民选择原址重建。其中两河乡和青城山镇的比例最高。青城山镇主要以旅游、农家乐为生,基本没有耕地林地,所以村民还是希望原址重建,能够继续利用当地旅游资源,重新恢复旅游。两河乡居民以藏族、羌族等少数民族为主,当地特有的生产资料、民俗习惯、生产习惯使得村民不愿搬迁。向峨乡选择村外乡镇内安置的比例最高,部分原因是向峨乡房屋破坏严重,近 90%的房屋倒塌,原址重建的工作量及难度较大(见表 9-4 和图 9-5)。

不同地区的村民安置意愿   表 9-4

重建方式＼地区	红白镇	玉泉镇	向峨乡	青城山	两河乡
原址重建	79.15%	31%	75.63%	95.24%	94.42%
村外乡镇内重建	8.09%	15.52%	24.37%	4.76%	4.65%
乡镇外县内重建	5.11%	1.72%	0	0	0

续表

重建方式＼地区	红白镇	玉泉镇	向峨乡	青城山	两河乡
县外省内重建	1.70%	0	0	0	0
省外重建	1.28%	0	0	0	0.47%
省内城镇化安置	4.67%	3.45%	0	0	0.47%
样本数量	233	58	197	21	215

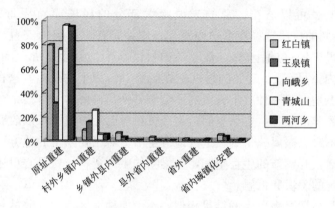

图 9-5 不同地区的村民安置意愿

因素之一房屋破坏程度的分类标准根据房屋倒塌率来划分：根据调研数据统计，房屋倒塌率＜30%的为轻微破坏，30%～70%的为一般破坏，70%～90%的为严重破坏，＞90%的为全部倒塌。不同破坏程度下村民的安置意愿见表 9-5。

不同破坏程度下村民的安置意愿　　　　表 9-5

重建方式＼破坏类别	全部倒塌	严重破坏	一般破坏	轻微破坏
原址重建	78%	71%	81%	94%
村外乡镇内	11%	23%	19%	4%
乡镇外县内	5%	4%	0%	0%
县外省内	2%	0%	0%	0%
省外	1%	0%	0%	1%

续表

破坏类别 重建方式	全部倒塌	严重破坏	一般破坏	轻微破坏
省内城镇化	3%	2%	0%	1%
样本数量	256	111	108	238

上表可以看出,轻微破坏的地区选择原址重建的比例最高,因为这些地区破坏较轻,重建工作易于开展,甚至经过修缮就可以恢复生产生活。严重破坏及全部倒塌地区选择村外乡镇内比其他地区较多,原因是这些地区地震引起的次生灾害也较多,房屋破坏又极其严重,不适合继续居住(见图 9-6)。

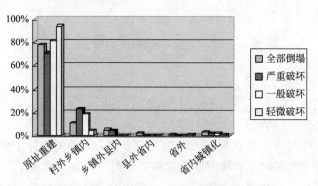

图 9-6 不同破坏程度下村民的安置意愿

从上表可以查出,收入水平对村民选择安置意愿没有太大影响,基本与总体情况一致(见表 9-6 和图 9-7)。

表 9-6 不同收入水平下村民的安置意愿

收入水平 重建方式	≤2000	2000~6000	6000~10000	10000~20000	20000~50000	≥50000
原址重建	95.45%	85.29%	78.05%	77.78%	86.84%	90.00%
村外乡镇内	0.00%	9.56%	4.88%	13.89%	13.16%	10.00%
乡镇外县内	0.00%	4.41%	7.32%	2.78%	0.00%	0.00%
县外省内	0.00%	0.74%	3.66%	0.00%	0.00%	0.00%
省外	0.00%	0.00%	1.22%	2.78%	0.00%	0.00%
省内城镇化	4.55%	0.00%	3.66%	2.78%	0.00%	0.00%
样本数量	22	136	82	72	38	10

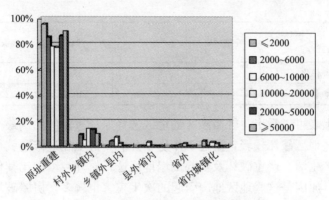

图 9-7 不同收入水平下村民的安置意愿

9.4 村庄整治民意调查报告

管理-18 村民意愿调查报告编写方法

定义和目的：

调查报告是在认真深入地对某一事物、问题或事件了解考察和调查研究的基础上，利用调查材料，经过准确的归纳整理，科学的分析研究，进而揭示事物的本质，得出符合实际的结论，由此整理撰写出来的书面报告。

技术特点和适用情况：

主要特点：一是针对性强——针对人们普遍关心的事情或者亟待解决的问题而写；二是用事实说话——报告的内容真实准确，建立在深入细致的调查研究基础之上；三是揭示规律性——通过对事实的分析研究，得出规律性的认识。

适用于各种方法的民意调查。

技术的局限性：

由于篇幅的限制，调查报告会出现不能全面充分地反映民意调查实际情况的现象。

标准与做法：

调查报告按照调查范围和内容，可分为综合调查报告、专题调查报告;按照作用,则可分为基本情况的调查报告、典型经验的调查报告、新生事物的调查报告、揭露问题的调查报告、澄清事实真相的调查报告等五类。

调查报告结构包括标题、导语、正文、结尾和落款。内容大体包括:标题、导语、概况介绍、资料统计、理性分析、总结和结论或对策、建议,以及所附的材料等。一般来说,调查报告写作要经过以下几个程序:

1. 确定主题

主题是调查报告的灵魂,对调查报告写作的成败具有决定性的意义。因此,确定主题要注意:

(1) 报告的主题应与调查研究的主题一致;

(2) 要根据调查和分析的结果,重新确定主题;

(3) 主题宜小,且宜集中;

(4) 要注意观点和材料的统一;

(5) 与标题协调一致,避免文题不符。

2. 取舍材料

对经过统计分析与理论分析所得到的系统的完整的"调查资料",在组织调查报告时仍需精心选择,不可能也不必都写上报告,要注意取舍。

(1) 选取与主题有关的材料,去掉无关的,关系不大的,次要的,非本质的材料,使主题集中、鲜明、突出;

(2) 注意材料点与面的结合,材料不仅要支持报告中某个观点,而且要相互支持;

(3) 在现有有用的材料中,要比较、鉴别、精选材料,选择最好的材料来支持作者的意见,使每一材料以一当十。

3. 布局和拟定提纲

这是调查报告构思中的一个关键环节。布局就是指调查报告的表现形式。拟定提纲的过程实际上就是把调查材料进一步分类、构架的过程。构架的原则是:"围绕主题,层层进逼,环环相扣"。提纲或骨架的特点是它内在的逻辑性,要求必须纲目分明,层次分明。

调查报告的提纲有两种，一种是观点式提纲，即将调查者在调查研究中形成的观点按逻辑关系——地列写出来。另一种是条目式提纲，即按层次意义表达上的章、节、目，逐一地一条条地写成提纲。也可以将这两种提纲结合起来制作提纲。

4. 撰写调查报告

这是调查报告写作的行文阶段。要根据已经确定的主题、选好的材料和写作提纲，有条不紊地行文。写作过程中，要从实际需要出发选用语言，灵活地划分段落。

在行文时要注意：(1)结构合理(标题、导语、正文、结尾、落款)；(2)报告文字规范，具有审美性与可读性；(3)通读易懂，注意对数字、图表、专业名词术语的使用，做到深入浅出，语言具有表现力，准确、鲜明、生动、朴实。

10 经验与思考

10.1 浙江省湖州市以人为本、因地制宜推进村庄整治纪实

1. 一切依靠农民,一切为了农民

住房和城乡建设部副部长仇保兴在《简论村庄整治与城乡协调发展》一文中提到,浙江省湖州市安吉县在村庄整治中,采取"不拆一座房、不拓宽一条路、不填一条河、不砍一棵树"的"四不"原则,使整治后的乡村面貌优美和谐。事实证明,如果简单套用农田基本建设的模式去整治村庄,就难以避免"大拆大建"式的恶果。而湖州市在村庄整治中按照城乡必须互补发展的工作思路,采取"四不"的原则,创立了节约型的村庄整治新模式。本报今日发表湖州市村庄整治经验,以飨读者。

"一切依靠农民、一切为了农民,真正将村庄整治的成果转化为广大农民的实惠。"近年来,浙江省湖州市始终瞄准提升农村环境、改善农民生活这个重点,全力以赴推进村庄环境整治工作。在整治过程中,他们始终坚持以人为本、因地制宜的思路来推进建设、促进发展,成功地走出了一条具有湖州特色的村庄整治新路子。

2. 规划蓝图让农民满意

村庄整治工作伊始,湖州市就按照"是不是科学、有没有特色、群众是否欢迎"的要求,坚持专家指导、群众评议、民主决策,实行专家与群众一起编制村庄建设规划。一方面,组织了市内外资质较高的规划单位参与村庄规划设计,注重将编制村庄规划与城镇体系规划、土地利用总体规划、重大基础设施建设规划、农村基础设施规划、产业布局规划等专项规划相结合,突出一村一品、

一镇一色,切实提高规划的针对性、有效性和整体性。另一方面,充分听取群众意见。规划前,组织专家深入搞好调查研究,系统了解各村的现状条件、历史渊源、农民的想法等。拿出规划草案后,充分征求基层干部和农民群众的意见,反复修改完善。最后还需村民代表大会讨论审议,三分之二以上代表同意方可通过。由于规划充分考虑了当前农村经济社会发展的实际情况,充分考虑了湖州的特色,充分考虑了农民群众的意愿,从而切实增强了规划的科学性、可操作性和群众的认同感,真正发挥了规划的引导作用。截至目前,该市已全面完成了全市281个中心村建设规划,村庄建设规划的覆盖面达到80%以上。初步建立了市域总体规划——县域总体规划——城镇总体规划——村庄布局规划——村庄建设规划的城乡一体化规划体系,进一步带动形成了以城带乡、以乡促城、城乡互动、统筹发展的城乡一体化格局。

3. 不搞整齐划一延续传统风貌

如何做到"花小钱、办大事、做实事",避免因整治而产生的大拆大建和铺张浪费的现象,尽可能地让农民不损失、得实惠,是湖州市在推进村庄整治过程中一直思考的问题。通过几年的摸索与实践,该市围绕"因地制宜、分类指导"的总体思路,坚持从农村实际出发,逐渐摸索出了一条集约型的村庄整治新路子。将村庄建设与城市、居民小区规划建设相区别,不搞整齐划一、营房式布局,不一味追求大拆大建,着力采取了"不拆一座房、不拓宽一条路、不填一条河、不砍一棵树"的"四不"原则,坚持不破坏自然、生态和古宅民居,较好地保留了民间传统肌理,延续了民间传统风貌,有效地维护了农民利益,得到了广大农民群众的拥护和欢迎。同时,还采取"以奖代补、以补促投"的方式,充分调动县区、乡镇、村和广大群众增加投入、参与"百千"工程建设的积极性,让每一个村都能知道干好干成后能够"补多少",从而使基层干部和群众心中有底,增强了抓好村庄整治的信心和决心。2003年以来,该市财政共投入1.16亿元,县区财政总投入2.77亿元,乡镇财政总投入4.52亿元,村级集体总投入达10.18亿元,农户自筹、社会投入等其他投入14.08亿元,总计达到32.7亿元,为推进"村庄整治"工程建设提供了有力的资金保障。

4. 重点突破整治村庄环境

村庄环境差,差就差在垃圾、污水、如厕等环节上;农民生活难,难也难在垃圾处理、污水处理、改厕改水等问题上。只有抓住这些难点、热点,进行重点突破、做出实效,才能确保村庄整治工作做到百姓心里、落到民生实处。湖州市在该项工作中,始终坚持"以人为本、换位思考"的原则,从农民最关心、最直接、最现实的问题抓起,着力推行了"改水、改厕、改路、改线"的"四改"工程,切实解决广大农村"喝水难,雨天行路难,环境脏、乱、差,线路布局凌乱"等问题。特别是将抓好垃圾和污水处理两项工作作为推进村庄整治的突破口和着力点,在全市全面推开了"户集、村收、乡镇运、市(县)处理"垃圾集中处理模式,通过市(县)、乡(镇)、村、户四级联动,实行"一条龙收集、一站式处理、一体化运作",农村垃圾集中收集面达到70%以上。同时,该市还认真编制了《湖州市农村污水处理专项规划》,根据农村特点、风俗习惯以及自然、经济与社会条件,采用多元化的污水处理模式,对有条件的村庄纳入污水厂管网统一处理,对没有条件实行统一处理的村庄推行人工湿地、生物处理等新技术,实现了示范村污水处理全覆盖,从而成功破解了农村垃圾、污水处理两大难题。正是由于该市坚持从农民看得见、摸得着的事情抓起,破解了一大批老大难问题,让广大群众尝到了甜头、看到了实效,由刚开始的"政府要我搞"转变为"积极争取搞",形成了"群众催着干部干、干部竞相争着干"的你追我赶的政治建设氛围。

5. 整体改善农村基本公共服务设施

在农村开展村庄整治的目的,不仅是要为农民创造一个良好的居住环境,还要让农民享受到与城市居民一样的公共服务,更重要的是通过整治,进一步改善农民群众的生活水平,让农民切实富裕起来。正是基于这样的认识,该市在该项工作中,始终注重将村庄整治放到推进社会主义新农村建设的大背景下去谋划,跳出"整治"抓"整治",与农村各项公共配套建设相结合,统筹推进了农村康庄、万里清水河道、千万农民饮水等系列工程建设,解决了一大批农民盼望解决、一村一户难于解决的问题，整体改善了农村基本公共服务设施，让广大农民群众鲜明地感受到村庄整治带来的实实在在的好处。截至目前，全市农村修建村内道路 2616.7km，通村公路里程达 4934.5km，公路通村率和路面硬化率达到了两个 100%，实现了村村通公路、村村通公交。农村改水工作已基本完成，城乡一体化供水已全面实施，农村自来水普及率达到 89.45%，有效改善了农村群众的饮水条件。同时，随着村庄整治工程的深入推进，"农家乐"休闲旅游等绿色经济也得到了快速发展。目前，共有"农家乐"3000 多家，其中"农家乐"示范村 9 个，示范户 60 家，极大地促进了农村经济的发展，拓展了农民增收致富的渠道，成为湖州经济发展新的增长点。截至 2006 年年底，该市农村居民人均纯收入达到 8333 元，城乡居民收入比仅为 2.11∶1，已成为全国城乡居民收入差距最小的城市之一。

http：//www.gxcic.net/news/shownews_47324.html

10.2 江西赣州农村村庄整治经验解析

赣州市新农村建设"政府力度大、主导性强；农民热情高、自主性强；点面结合，示范性强；因地制宜，实效性强"，并和党的十六届五中全会提出的建设社会主义新农村的主张相吻合，符合十六届五中全会对于新农村建设"生产发展、生活宽裕、乡风文明、村容整洁、管理民主"的总体要求。

赣州市委、市政府从缩小城乡差距、维护农村长久治安、促进农村文明富裕的战略高度进行新农村建设，把"三清三改"、"五新一好"作为新农村建设的主要内容，并在全市农村推广展开，在整个工作中，我市始终坚持"政府为主导、农民为主体、因地制宜、发展与维护相结合"的理念，充分尊重农民的意愿，着眼为农民办实事、办好事。因地制宜，不填鱼塘、不砍树、不推山；量力而行，不搞华而不实，不搞过度超前。这些措施激发了农民的参与热情，调动了农民自治理事的积极作用，全市的新农村建设稳步推进，形成了每乡每镇有示范点，每个示范点辐射全乡镇的良好趋势。如今,在全市各地的新农村建设点上可以看到:"改造"后的生态自然村落自成特色,发展和维护地方历史文化形成景观,农村人畜分离,改水、改厕后面貌焕然一新。

赣州市在新农村建设中的做法在全国有一定的示范性和指导性,值得借鉴学习,其做法可总结为以下几点。

1. 领导重视,规划先行,灵活、实用地编制村庄规划,真正突出规划的龙头作用

赣州的村庄规划工作得到了各级领导的高度重视,采取组建新农村建设工作团,大规模选派干部担任新农村建设的指导员,干部挂点、驻村帮扶等三方面大力支持新农村建设,提供组织保障,营造浓厚氛围。

明确工作责任,乡(镇)政府是村庄规划编制工作的责任主体,负责组织村庄规划的编制、报批和监督实施等工作,各级建设行政主管部门负责村庄规划编制的技术支持和质量把关,指导、评审、调度和督促各乡(镇)开展村庄规划工作。把村镇规划作为龙头和先导工程来抓,千方百计加快规划编制步伐。赣州市财政安排专项资金1000万元,用于村镇规划编制。县(区)也都安排资金配套。在村庄规划编制上,灵活、实用编制村庄规划,根据村庄规模大小、基础条件、地理位置,按基层村、示范村、历史文化名村、城中村等不同类别提出不同的规划要求,基层村(小村)要求编制一图就可以了,示范村必须编制五图一书("五图一书"指村庄现状位置图、规划总体平面图、道路交通市政管线规划图、建筑质量评价图、景观环境规划设计竖向规划图、规划说明书),历史文化名村必须请有资质的设计单位编制五图一书,城中村纳入城市总体规划,符合城市总体规划要求就可以进行建设。经分类后,充分结合了村庄的实际情况,而且考虑了农民的经济基础,不要求每个村庄都编制高标准的不符合实际的规划,在实地参观中,可以感受到村庄的小路有弯有曲,不是整齐划一,方便生产,方便生活就可以,但在整体上要求能畅通,消灭断头路。充分征求农民意愿,向农民推介新住宅图集,农民自主选择搞什么样的规划和建什么样标准的住宅,不要求千篇一律,避免"闭门造车"、"克隆"规划现象。

2. 村庄整治的亲民性、可操作性，使新农村建设深入民心，备受关注

赣州经验的另一个亮点是成立新农村建设理事会，吸收村民中德高望重的老长辈、老党员、老离退休干部、老工人、老教师等组成理事会（五老会），通过理事会制定村规民约，实现村民的自主管理、自主实施、自我教育、自我服务、自我监督。成立理事会，就是通过他们做一些村干部不能干、不好干的事情，如打通断头路、拆除猪圈、牛栏，需拆农户的旧空心房，村集体无钱补偿或补偿很低，但利于全村村民，利于整个村庄的环境，这时通过村中的长辈，用家族的威望来做工作就顺利的多。目前，赣州全市已成立农村理事会12000多个，成了赣州独创经验。

同时，在村庄整治和建设中，实行"统一扶助标准，群众自主申报、择优选择定点，实行以物代资（以奖代补），村民自主建设，坚持技术标准，实行动态管理"的工作模式。

统一扶助标准，就是政府根据本地农村实际和自身财力状况，确定建设项目及补助标准，并向社会公开。赣州市新农村建设没有牵头单位，新农村建设就是各级政府的职责，要牵头也是政府牵头，把各部门的资金、人员、政策等力量集中起来，统一扶助，形成合力，按规划主次推开，避免了各自为政、无序浪费，同时，也能保证政府一个声音喊到底，一个政策同等待遇，消除了农民的盲从和无助。

群众自主申报，就是政府的补助标准和办法公布后，建设项目搞不搞，搞哪些，都由村民理事会召集村民集体商议后自主决定。

择优选择定点，就是政府根据某一阶段的财务和物力，在申报的村庄中依据群众积极性，前期准备条件等因素择优选择定点，分批推进，起到一个示范引导作用。

实行以物代资，就是政府的各项扶助，能采用实物补助的尽量采用实物补助，政府通过公开招标方式购买这些物资，可大大降低费用，对某些不方便补助实物的则以现金奖励的方式扶助村民。修自己的路政府奖给水泥，农民最能感受到政府的关怀。

村民自主建设，就是各类建设项目的施工、招标、管理、监督均由村民选出的理事会具体执行，政府给予指导和监督，理事会协助村委管理、监督会起到事半功倍的效果。

坚持技术标准，就是各项建设有技术标准的必须按技术标准进行，政府和有关部门按标准组织验收，不符合标准的将扣减直至撤销补助。安全饮水、沼气建设等工程必须按标准进行施工，达到标准，符合要求，才能交付使用，农民住宅也要按节能节地节材等技术标准进行建设。赣州市组织编制了《新农村农民住宅推介图集》，单套150套，满足了农民建房多样性的要求，每村免费赠送一套，深受农民的欢迎和赞扬。

实行动态管理，就是各项建设试点确定后，如该村不能按要求组织实施，政府将撤销该点，将补助款转给其他村。奖勤罚懒形成竞争机制，激励农民自觉投入新农村建设中去。

实地参观可以感受到，农民对新农村建设的欢迎和拥护，有的村村民自发的扭起了秧歌敲起锣鼓，有的村民在大树下摆起茶水，从家中拿来了花生、冰糖。如果说敲锣打鼓、摆茶水有人为做做之嫌的话，那么从一农户在春节时自己写的已发白的对联上可以看出，新农村建设深入人心，受人称赞。

3. 建立机构，强化培训，发挥长效管理机制

建立健全村镇规划管理机构，保障村镇建设有人谋事，有人干事，赣州全市成立乡镇规划建设管理所269个，占全市乡镇总数的95%。有的县批了财政全供编制，公开招录大学生，充实到村镇建设一线，有的县是编办批编制给乡镇，乡镇调剂使用，先培训再上岗，使村镇建设工作有了组织保证。

开展多层次，多形式的培训，增强领导干部的规划意识，提高村镇规划建设管理人员的素质。特别是把个体建筑工匠培训和管理作为一项重要工作来抓，通过培训和管理，使农村个体建筑工匠成为新农村建设的技术员、宣传员。赣州在培训工作上力度很大，把农村个体建筑工匠集中起来，通过理论、实操等集中学习，考试合格后发证，并大力宣传，让农民建房找有合格证的工匠，使农民建房质量与安全有了保障。去年培训乡镇领导、村镇专技人员、建筑工匠等800多人，今年计划培训3000人，目前已培训四期共

1200人。

建章立制，规范管理，制定了《赣州市小城镇规划建设管理办法》、《赣州市村庄建设规划导则》、《赣州市村庄规划建设用地管理暂行办法》等规范性文件，严格实施规划监管。在技术指导上编写了《农民自建住宅基本知识读本》，并实地拍摄了VCD宣教片。编制了简明易懂的《农民建房十要十不要》，免费发放到各家各户，让农民建房心里明明白白。在村民自治上，制定了《新农村建设理事会章程》、《村规民约》以及村道养护、公厕管理、庭院保洁、卫生评比等制度，使新农村建设自主管理有了长效机制。

http://www.zgxcfx.com/Article_show.asp? ArticleID=3696

附录 技术列表

技术编号	技术名称	适用地区	页号
管理-1	"空心村"空置地利用	全国各地	18
管理-2	"空心村"空置民房利用	全国各地	21
管理-3	村庄整治建设用地流转	全国各地	22
管理-4	城乡建设用地增减挂钩规划	国土资源部挂钩试点地区	27
管理-5	定额估价法估算单价	全国各地	35
管理-6	实物量法估算单价	全国各地	38
管理-7	经验估价法估算单价	全国各地	40
管理-8	人工预算价格计算	全国各地	42
管理-9	材料预算价格计算	全国各地	43
管理-10	机械台班(时)预算价格计算	全国各地	45
管理-11	村民意愿问卷调查	全国各地	123
管理-12	实地调查法	全国各地	128
管理-13	电话访问法	全国各地	131
管理-14	专家意见法	全国各地	132
管理-15	专家问卷法	全国各地	133
管理-16	民意调查资料整理	全国各地	134
管理-17	民意调查数据分析	全国各地	138
管理-18	村民意愿调查报告编写方法	全国各地	144

参考文献

[1] 住房和城乡建设部部长仇保兴讲话. 生态文明时代的村镇规划与建设. 住房和城乡建设部网站: 2009.

[2] 中华人民共和国土地管理法. 第六届全国人大常委会第十六次会议通过. 北京: 1986.

[3] 国务院办公厅. 严格执行有关农村集体建设用地法律和政策的通知. 国办发[2007] 7171号. 2007.

[4] 鲁国土资发[2006] 111号. 山东省城镇化建设用地增加与农村建设用地减少相挂钩管理办法(试行).

[5] 山东省征地补偿安置标准争议协调裁决暂行办法. 鲁价发[2008] 40号.

[6] 山东省人民政府文件. 关于推进农村住房建设与危房改造的意见. 鲁政发[2009] 17号.

[7] 泰州市区村庄河塘疏浚整治工程市级补助资金使用管理办法的通知. 泰财农[2009] 60号泰财水[2009] 120号.

[8] 住房和城乡建设部. 村庄整治技术规范. 北京: 中国建筑工业出版社, 2008.

[9] 邢恩深. 基础设施建设项目投融资操作实务. 上海: 同济大学出版社. 2005.

[10] 徐学东. 建筑工程估价与报价. 北京: 中国计划出版社. 2006.

[11] 中华人民共和国住房和城乡建设部中华人民共和国国家质量监督检验检疫总局联合发布.

[12] 国务院关于深化改革严格土地管理的决定. 2004年10月21日(国发[2004] 28号).

[13] 国务院关于加强土地调控有关问题的通知. 2006年8月31日(国发[2006] 31号).

[14] 国务院办公厅关于严格执行有关农村集体建设用地法律和政策的通知. 2008年1月14日(国办发[2007] 71号).

[15] 国家发改委办公厅国土资源部办公厅关于在全国部分发展改革试点小城

镇开展规范城镇.

[16] 建设用地增加与农村建设用地减少相挂钩试点工作的通知.（发改办规划［2006］60号）.

[17] 中华人民共和国村民委员会组织法，1998年11月4日第九届全国人民代表大会常务委员会第五次会议通过.

[18] 孙慧. 民意调查的起源和特点［J］. 中国统计. 北京：2006.

[19] 李莹. 国外民意调查的主要方法［J］. 社科纵横. 甘肃：2007.

[20] 张野. 电话问民意是个好形势［J］. 民主. 上海：2008.

[21] http：//baike.baidu.com/view/1319790.htm?fr=ala0_1.

[22] http：//hi.baidu.com/lgg822/blog/item/1c15b4efe4a86d17fcfa3cec.html.

[23] http：//info.biz.hc360.com/2009/01/13082182432.shtml.

[24] http：//zhidao.baidu.com/question/84189565.html.

[25] http：//baike.baidu.com/view/414145.htm.

[26] http：//baike.baidu.com/view/856677.htm.

[27] http：//baike.baidu.com/view/2448185.htm.

[28] http：//baike.baidu.com/view/1410295.htm?fr=ala0_1_1.